U0793567

西藏青稞
营养品质指南

◎次　顿　高　芳　朱玉龙　主编

中国农业科学技术出版社

图书在版编目(CIP)数据

西藏青稞营养品质指南 / 次顿，高芳，朱玉龙主编 . 北京：中国农业科学技术出版社，2024. 10. -- ISBN 978-7-5116-7125-7

Ⅰ. S512. 3-62

中国国家版本馆 CIP 数据核字第 202471RR84 号

责任编辑　周　朋
责任校对　王　彦
责任印制　姜义伟　王思文

出 版 者　中国农业科学技术出版社
　　　　　北京市中关村南大街 12 号　　邮编：100081
电　　话　(010) 82103898 (编辑室)　　(010) 82106624 (发行部)
　　　　　(010) 82109709 (读者服务部)
网　　址　https://castp.caas.cn
经 销 者　各地新华书店
印 刷 者　北京建宏印刷有限公司
开　　本　170 mm×240 mm　1/16
印　　张　16
字　　数　280 千字
版　　次　2024 年 10 月第 1 版　2024 年 10 月第 1 次印刷
定　　价　88.00 元

版权所有 · 翻印必究

本书获西藏自治区科学技术厅重点研发项目
（编号：XZ202101ZY0007N）
资助

《西藏青稞营养品质指南》
编　委　会

主　编

次　顿　高　芳　朱玉龙

副主编

吴雪莲　张唐伟　雷用东　次仁德吉

杨小俊　张一帆

编　委（以姓名拼音顺序排序）

阿旺次仁　巴　确　次　顿　次仁德吉

邓小蓉　高　芳　郝治华　雷用东

李　颖　刘海金　刘　婷　莫　迥

欧　珠　潘　虎　邱　城　王小红

王宇鹏　吴雪莲　席永士　夏小龙

杨小俊　泽西卓玛　张　建　张唐伟

张一帆　朱玉龙

序

青藏高原的崇山峻岭间，青稞以其坚韧的生命力，在海拔 3 000 米以上的高寒地带书写着农业奇迹。这种被誉为“高原黄金”的作物，不仅是藏族同胞世代相传的主食，更因其独特的营养品质成为全球健康食品研究的焦点。

青稞作为大麦的一种特殊类型，是食用、饲用、酿造及药用兼用的作物。青稞含有丰富的蛋白质、脂肪、粗纤维、碳水化合物、膳食纤维、维生素 E、维生素 B_1、维生素 B_2、烟酸、泛酸、叶酸、钾、磷、钙等成分，其营养结构比水稻、小麦、玉米更优。青稞有着“三高两低”的特点，即高蛋白、高纤维素、高维生素、低脂肪、低糖，同时富含微量元素（如硒和锌），以及 β-葡聚糖（含量高于燕麦）、γ-氨基丁酸、活性肽、多酚类和黄酮类等多种功效成分，为人体健康带来很多益处，比如降血糖、降血脂、降血压等。2023 年，青稞作为成人高脂血症、成人糖尿病的推荐食物被列入国家卫生健康委发布的《成人高脂血症食养指南（2023 年版）》《成人糖尿病食养指南（2023 年版）》。

随着青稞营养价值的挖掘，科学家更加重视青稞营养成分和功效成分的研究，但因种种原因限制，迄今未有较为系统的研究市场青稞营养价值的材料。针对加快开展品质评价相关工作，支撑西藏青稞产业的有序健康发展的需要，在西藏自治区科学技术厅重点研发项目（编号：XZ202101ZY0007N）的支持下，西藏自治区农牧科学院农业质量标准与检测研究所、农业农村部农产品质量安全中心、新疆农垦科学院分析测试中心等单位联合编写了《西藏青稞营养品质指南》。该书全面介绍了青稞基本营养元素、功效成分的概况和最新研究进展。该书层次清晰、结构明朗，图文结合，具备较高的理论性和实用性，是一本供全区青稞科研工作者、加工企业和生产一线科技人员了解西藏青稞品质现状、掌握青稞品质评价技术的工具书籍。

《西藏青稞营养品质指南》的出版，正值青稞产业由传统种植模式向现代科技模式转型的关键节点，为攻克青稞营养研究的科学难题、推动产业实现高质量发展提供了重要的理论依据与技术支撑。本书汇聚了相关学科研究人员的智慧结晶，既是对青稞营养研究阶段性成果的系统总结，更是开启产业升级进程的关键要素。在乡村振兴战略与健康中国战略相互交融的时代背景下，期望此书能够成为联结科研领域与产业领域的桥梁纽带，使高原地区的宝贵资源惠及更广泛的人群，在保障粮食安全的同时，谱写人类与自然和谐共生的崭新篇章。

2024 年 8 月

前　言

青稞是在青藏高原的特殊气候和种植生产环境中形成的区域性作物类型。随着全球经济发展和人类生活水平的提高，青稞特殊的生态生产环境及其自身的营养保健价值越来越引起人们的关注，青稞正在由一种区域性口粮作物向全球性健康食源作物发展。近年来，西藏自治区高度重视青稞产业发展，把青稞产业作为高原特色优势产业和推动产业振兴的重要抓手之一。因此，全面分析西藏自治区青稞生产、消费现状，对指导西藏自治区青稞生产意义深远。

青稞中含有丰富的蛋白质、脂肪、粗纤维、碳水化合物、膳食纤维、维生素 E、维生素 B_1、维生素 B_2、烟酸、泛酸、叶酸、钾、磷、钙等营养成分。青稞作为大麦的一种特殊类型，其营养价值比水稻、小麦、玉米高，是食用、饲用、酿造及药用兼用的作物。青稞有着“三高两低”的特点，即高蛋白、高纤维素、高维生素、低脂肪、低糖，同时富含微量元素如硒和锌，以及 β-葡聚糖（含量高于燕麦）、γ-氨基丁酸、活性肽、多酚类和黄酮类等多种功效成分，能为人体健康带来很多益处，比如降糖、降脂、降血压等。2023 年，青稞作为成人高脂血症、成人糖尿病的推荐食物被列入国家卫生健康委员会发布的《成人高脂血症食养指南（2023 年版）》《成人糖尿病食养指南（2023 年版）》。

针对产业亟须解决的青稞营养成分发掘及其品质评价问题，挖掘不同品种、不同产地青稞的营养功能成分差异性规律和特征性营养功能成分，开展不同功能成分的健康功效评价研究，将有助于提升青稞品质内涵，以及绿色营养与健康功能的品牌效应，为功能性农产品的品种选育、生产管理、储藏保鲜、科学监管、合理消费奠定科学基础。

本书通过参考国内外的研究文献资料及 2014 年、2015 年、2021 年、2023 年的数据积累，梳理和总结了西藏自治区不同品种、不同产地青稞中淀粉、蛋白质、氨基酸、脂肪、脂肪酸、矿质元素、维生素、纤维、β-葡聚糖、黄酮、花青素、酚酸类物质及 γ-氨基丁酸等 13 种营养成分的含量和营养价值编写而成。全书共分三部分，第一部分概述了青稞的生产、营养成分及应用价值；第二部分阐述了西藏青稞的基本营养元素的营养作用，以及西藏不同品种、不同产地青稞中各种营养元素的含量；第三部分介绍了西藏青稞功效成分的营养作用，以及西藏不同品种、不同产地青稞中各种功效成分的含量。本书可供从事青稞育种、栽培、产品开发、教学的科研人员参考。

由于时间仓促，本书如存在不足之处，恳请各位读者批评指正。

编　者

2024 年 4 月

目　　录

第一部分　绪　论

第二部分　青稞基本营养元素

第三部分　功效成分

第一部分 绪论

1 青稞概述

青稞，别名青稞麦、油麦、莜麦，学名 *Hordeum vulgare* var. *coeleste* L.，英文名 seed of naked oat，是禾本科大麦属作物，因其内外颖壳分离，籽粒裸露，故又称裸大麦、元麦、米大麦。青稞颗粒颜色为黄色、墨绿色或紫黑色。青稞是高原谷类作物，适宜生长在高原气候条件下，耐寒性强，生长期短，高产早熟，适应性广。常在中国西北、西南各省栽培。是一年生直立草本植物，其茎秆较为光滑，株高一般在 1~2 m，直径 4~6 mm，具 4~5 节。叶片宽而长，叶鞘光滑。叶片长 9~20 cm，宽 8~15 mm，微粗糙。穗状花序成熟后黄褐色或紫褐色，长 4~8 cm（芒除外），宽 1.8~2 cm；小穗长约 1 cm；颖线状披针形，被短毛，先端渐尖呈芒状，长达 1 cm；外稃先端延伸为长 10~15 cm 的芒，两侧具细刺毛。颖果成熟时易于脱出稃体。

青稞是一种适应性较强的农作物，对寒冷和贫瘠适应性强，生长期短。一般 3—5 月播种，7—9 月收割，所以在栽培史上称为春性裸大麦。一般生产期为 100~130 天，苗期能经受 -10 ℃左右的低温。花期在 9 ℃时不致受害。乳熟期仍能抵御 -1 ℃的低温。在最暖月平均温度接近 10 ℃、日平均温度高于 5 ℃的延续日数仅 120 天的高寒地区，青稞仍能正常生长发育。

青稞按棱数分类，可分为二棱裸大麦、四棱裸大麦和六棱裸大麦。中国主要以四棱裸大麦和六棱裸大麦为主，西藏主要栽培六棱裸大麦，而青海主要以四棱裸大麦为主，不同棱的裸大麦其性质也略有不同。按颜色分类，可分为白青稞、黑青稞、紫青稞等。按春化阶段分类，可分为春青稞和冬青稞。按青稞芒的有无分类，可分为有芒青稞和无芒青稞。

1.1 青稞的生产

青稞是在我国青藏高原特殊气候和种植环境下生产的区域性作物。青稞比其他喜凉谷类作物和其他类型的大麦具有更强的适应性与抗逆性，生长海拔高于小麦 300~400 m，产量潜力是燕麦的 2 倍多；宽叶片、弯颈垂穗等植株形态特点有减少田间无效蒸发、耐旱、抗冰雹危害等作用。

作为我国最重要的杂粮作物之一，青稞在青藏高原农牧交错区域具有突出的战略意义。近年来，西藏高度重视青稞产业发展，把青稞产业作为高原特色优势产业和推动产业振兴的重要抓手之一，不断加强政策引导和项目支持，成功创建了西藏第一个农牧业区域公用品牌“西藏青稞”。据统计，2024 年西藏全区实际收割粮食面积 298.64 万亩①，其中，青稞面积 232 万亩，以春青稞为主，青稞产量突破 85 万 t；喜马拉 22、藏青 2000 等青稞良种的推广面积达 200 万亩以上，良种覆盖率达到 94%。截至 2024 年，全区已建设高标准农田约 439 万亩，2024 年内已建设超过 18 万亩高标准农田。

1.2 青稞的营养成分

青稞中含有丰富的碳水化合物、脂肪、蛋白质、氨基酸、膳食纤维、维生素、矿物质、黄酮、花青素、γ-氨基丁酸等营养成分，其主要营养成分组成及作用如下。

（1）碳水化合物和类脂

青稞籽粒含 80%的碳水化合物。碳水化合物是食物能量的主要来源，直链淀粉含量高的青稞淀粉有很高的可消化能量价值。在谷物中，青稞是唯一的蜡质型类脂高于玉米和水稻的谷物。每 100 g 蜡质型青稞淀粉含有 300~400 mg 淀粉类脂。青稞类脂中的非皂化成分被认为具有增进身体健康的营养作用。这些成分包括类胡萝卜素、维生素 E、生育二烯醇和类异

① 1 亩≈667 m^2；15 亩=1 hm^2。全书同。

戊三烯产物。每 100 g 青稞含维生素 E 0.01~0.04 mg，它具有抗衰老和抗不育的作用，青稞脂肪中还含有占全部脂肪酸 15%的 γ-亚麻酸，有降低总胆固醇的作用。

（2）蛋白质和氨基酸

蛋白质和氨基酸是重要的食物构成成分。青稞蛋白质含量高于玉米、水稻、小麦，有 8 种人体必需的氨基酸含量高于玉米。赖氨酸是对食物营养品质有最大影响的一种氨基酸。青稞赖氨酸含量较高，一般品种的赖氨酸含量在 0.30%~0.46%，高于小麦品种。

（3）膳食纤维

膳食纤维是人类现代食物构成的重要成分之一，膳食纤维的含量成为衡量食品质量的标准之一。青稞含有丰富的膳食纤维，且多数膳食纤维都含有 β-葡聚糖，比其他谷物膳食纤维优越。有研究表明，每日食用含膳食纤维 7 g 的青稞量，就可使胆固醇保持在有害限度以下。

（4）维生素

维生素是人和动物为维持正常的生理功能而必需的一类微量有机物质，在人体生长、代谢、发育过程中发挥着重要的作用。大多数维生素必须从食物中摄取。青稞中富含维生素 E、维生素 C 和 B 族维生素。烟酸，又称维生素 B_3，被认为是“胰岛素激活剂”，青稞中的烟酸含量高于玉米两倍。

（5）矿质元素

矿质元素是人体保持身体健康和预防疾病必不可少的营养素，是构成人体组织、维持生理功能、生化代谢所必需的，人体必需的矿质元素有钙、镁、钾、铁、锌、铜、锰等。青稞中含有丰富的钙、磷等矿物质，有助于促进骨骼生长和维持骨骼健康。

（6）主要功效成分

一般青稞的 β-葡聚糖含量为 5%左右，高的品种可达 8.62%。β-葡聚糖是一种混合连锁的多糖，它与多糖类化合物结合存在于胚乳细胞壁内，易溶于水，使青稞形成高黏度溶液，可以阻滞人体对脂肪的吸收，能直接或间接抑制人体血液胆固醇的积累。此外，青稞所含黄酮、酚酸类化合物具有降血压、降血脂、抗衰老、提高机体免疫力等作用；γ-氨基丁酸作为重要的中枢神经系统抑制性神经递质，具有抗焦虑、抗抑郁、安定神经、促进睡眠等作用。

1.3 青稞的应用价值

青稞是青藏高原上的第一粮食作物，充分体现了青稞对高原地理气候条件的适应性，青稞的资源价值和品质优势也来源于独特的高原环境条件。青稞的耐寒性、广适性、高产性，使其成为高原居民首选的种植作物，并且其资源的相对丰富性，促使人们开发各种各样的青稞产品来丰富生活，甚至成为文化的一部分，如糌粑常用于一些宗教仪式、婚礼、生日庆典和新年庆典，在西藏各种仪式和庆典上，人们会把糌粑抛向天空象征着仪式或庆典完成。

青稞是青藏高原民族地区主要的传统主粮，青稞营养成分丰富，是改善人们膳食结构和发展养殖业的重要原料，具备“三高两低”（高蛋白、高纤维素、高维生素和低脂肪、低糖）特点，营养全面独特，具有β-葡聚糖、γ-氨基丁酸等对人体有益营养成分。青稞制品糌粑是藏族的主食，营养价值相对较高。《本草拾遗》记载：青稞，下气宽中、壮精益力、除湿发汗、止泻。藏医典籍《晶珠本草》更把青稞作为一种重要药物，用于治疗多种疾病。因此，青稞具有极高的营养和食疗价值。青稞还可以制作成麦片、馒头、窝头、米花、面包、饼干或磨粉制成糕点类食品。

青稞淀粉含量高，蛋白质含量适中，极具酿酒价值。藏族人民饮用青稞酒的历史源远流长。传统青稞酒是用青稞酿成的营养低度酒，酒色泽橙黄，味道酸甜，酒精度很低。青稞白酒酒质清澈透明，芳香纯正，入口绵甜柔和，酒体醇厚丰满，协调爽净。民间用青稞酒、酥油、蜂蜜调制的“穷渣”可治疗低血压，效果显著。现在市面上不仅有蒸馏的青稞白酒，还有传统营养型低度酿造酒、青稞啤酒、青稞烤酒等，以及调配有各种中藏药材或者蔬菜花果的调配青稞酒。

青稞也是一种很好的饲料作物，营养丰富，饲喂品质好，在谷物饲料中的地位仅次于玉米。用青稞做饲料，可以改善肉质，提高瘦肉率。青稞秸秆质地柔软，富含营养，是牛、羊、马等食草性牲畜的优质饲料，青稞秸秆的饲草化利用，体现了青藏高原先民对青稞的珍惜，做到物尽其用，也体现了青稞资源综合利用的生态文明思想。

参考文献

曹连莆，齐军仓，2012. 大麦生理生化生态及遗传育种栽培研究与应用［M］. 北京：经济管理出版社.

刘旭，马得泉，2001. 中国大麦文集（第五集）［M］. 北京：中国农业出版社.

卢良恕，1996. 中国大麦学［M］. 北京：中国农业出版社.

马得泉，2000. 中国西藏大麦遗传资源［M］. 北京：中国农业出版社.

西藏作物品种资源考察队，1987. 西藏作物品种资源考察文集［M］. 北京：中国农业科学出版社.

杨勇，廖文华，2020. 西藏高海拔边境县青稞种质资源［M］. 北京：中国农业科学技术出版社.

张京，郭刚刚，曾亚文，等，2018. 中国大麦品种志（1986—2015）［M］. 北京：中国农业科学技术出版社.

张京，李先德，张国平，2017. 中国现代农业可持续发展研究：大麦青稞分册［M］. 北京：中国农业出版社.

朱睦元，张京，2015. 大麦（青稞）营养分析及加工［M］. 杭州：浙江大学出版社.

NEWMAN R K，NEWMAN C W，2010. 食用与保健大麦：科学、技术和产品［M］. 张国平，等，译. 杭州：浙江大学出版社.

第二部分 青稞基本营养元素

2 青稞淀粉

2.1 淀粉

淀粉（amylum）是由葡萄糖分子聚合而成的多糖类碳水化合物，其基本构成单位为α-*D*-吡喃葡萄糖。淀粉通常有直链淀粉和支链淀粉两种分子类型。直链淀粉是*D*-六环葡萄糖经α-1,4-糖苷键连接组成，为无分支的螺旋结构；支链淀粉是24~30个葡萄糖残基以α-1,4-糖苷键首尾相连而成，在支链处为α-1,6-糖苷键。青藏高原青稞种植主产区因降水充足、蒸发量小、太阳光辐射强、整个生育期气温偏低、夏季无高温逼熟、昼夜温差大等，使得西藏青稞具有干物质积累量大、淀粉含量高等特征。

青稞淀粉作为青稞的主要成分，其含量占青稞籽粒干重的50%~67%。西藏主产青稞品种的淀粉含量平均值在49%，其中支链淀粉含量高达74%~78%，直链淀粉含量在22%~26%。近年西藏自治区农牧科学院培育的青稞25等新品种支链淀粉含量达到或接近100%。当直链淀粉含量低时，青稞粉的软度、黏性、光滑性、口感和综合评分均有较好表现。藏靖巍等在对青稞淀粉与小麦淀粉的对比研究中发现，青稞淀粉的冻融稳定性、溶解度、凝沉作用、透光率、热稳定性和冷稳定性均优于小麦淀粉，这些特点使其在食品和非食品行业中都具有良好的发展前景。

青稞淀粉依据直链淀粉含量在总淀粉中占比不同，主要分为蜡质青稞淀粉（<2%）、普通青稞淀粉（25%）和高直链青稞淀粉（40%）三类，青稞淀粉同时具备大颗粒淀粉和小颗粒淀粉而呈现出双峰颗粒分布。大颗粒淀粉主要用于医药、食品和化工领域，小颗粒淀粉使用价值较低，主要用于发酵产品的原料使用。

2.2 青稞淀粉的营养作用

青稞淀粉的基本营养作用体现在以下两个方面。

一是营养物质供应作用。淀粉是食物中重要的碳水化合物，消化后可以被人体吸收利用。淀粉作为主要能量来源，为身体提供糖分，维持人体正常的生理活动，如呼吸、心跳等。同时，淀粉也是脑力活动的能量来源，对于大脑的正常运转起到重要作用。

二是低 GI 功效。青稞淀粉中的直链淀粉含量比例高，使青稞的预计血糖指数维持在较低的范围（39.4~47.5），且生产地海拔越高，青稞血糖指数越低，这使得青稞成为越来越多糖尿病人群所选择的健康食品之一。青稞淀粉中的抗性淀粉经消化代谢活动可转换为短链脂肪酸而非葡萄糖，因此具有类似膳食纤维的生理功能，对糖尿病、心脑血管疾病和结肠癌等具有较好的预防作用。

2.3 西藏青稞淀粉含量

2.3.1 淀粉检测方法

淀粉含量测定方法主要有酸水解法、酶水解法和旋光法等。酸水解法的原理是将青稞样品用乙醚除去脂类、用乙醇除去样品中可溶性糖后，在酸性条件下，将青稞样品中的淀粉水解为还原性的葡萄糖，然后按还原糖测定，并折算为淀粉含量。酶水解法的原理是将青稞样品用乙醚除去脂类、用乙醇除去样品中可溶性糖后，用淀粉酶将青稞样品水解成小分子糖，再用盐酸水解成单糖，然后按还原糖测定，并折算为淀粉含量。旋光法的原理是将青稞样品用稀盐酸分解，将溶解的淀粉糊化并部分水解。测定澄清溶液的总旋光度，并对溶于40%乙醇的其他物质及稀盐酸处理后光学活性引起的旋光度予以校正。并参照用大麦淀粉的旋光系数 181.5°乘以校正后的旋光度计算出的淀粉含量。

参考标准有 GB 5009.9—2016《食品安全国家标准 食品中淀粉的测

定》、NY/T 11—1985《谷物籽粒粗淀粉测定法》、GB/T 20194—2018《动物饲料中淀粉含量的测定 旋光法》等。

2.3.2 青稞品种、产地及来源

本研究经过2014年、2015年，选取西藏自治区拉萨市、山南市、日喀则市、昌都市、林芝市、阿里地区6个地市青稞主产县（区）9个青稞品种，共计263份样品进行淀粉含量分析。其中，拉萨市70份、日喀则市30份、山南市36份、林芝市40份、昌都市45份、阿里地区42份；品种包括藏青2000、藏青320、喜马拉22、蓝青稞、紫青稞、喜马拉19、黑青稞、藏青13和藏青85。

本研究采用NY/T 11—1985《谷物籽粒粗淀粉测定法》的方法测定青稞淀粉含量。

2.3.3 各地市青稞淀粉含量

西藏自治区拉萨市、日喀则市、山南市、林芝市、昌都市、阿里地区6个地市263份青稞淀粉含量范围为42.14~55.22 g/100 g，平均含量为49.26 g/100 g。详见表2-1。

表2-1 各地市青稞淀粉含量 单位：g/100 g

地市	样品数量	均值	极小值	极大值
拉萨市	70份	49.26±2.03	44.87	55.22
日喀则市	30份	48.82±2.17	45.10	53.67
山南市	36份	48.28±2.46	42.14	52.39
林芝市	40份	51.22±1.55	48.04	54.48
昌都市	45份	49.64±2.38	44.58	53.81
阿里地区	42份	48.91±2.26	43.56	53.74
合计	263份	49.38±2.31	42.14	55.22

如表2-1所示，比较西藏不同产区青稞淀粉含量，产自拉萨市的青稞淀粉含量范围为44.87~55.22 g/100 g，平均含量为49.26 g/100 g；产自日喀则市的青稞淀粉含量范围为45.10~53.67 g/100 g，平均含量为48.82 g/100 g；产自山南市的青稞淀粉含量范围为42.14~52.39 g/100 g，平均含量为48.28 g/100 g；产自林芝市的青稞淀粉含量范围为48.04~

54.48 g/100 g，平均含量为 51.22 g/100 g；产自昌都市的青稞淀粉含量范围为 44.58~53.81 g/100 g，平均含量为 49.64 g/100 g；产自阿里地区的青稞淀粉含量范围为 43.56~53.74 g/100 g，平均含量为 48.91 g/100 g。各地市青稞淀粉平均含量由高到低顺序为：林芝市（51.22 g/100 g）>昌都市（49.64 g/100 g）>拉萨市（49.26 g/100 g）>阿里地区（48.91 g/100 g）>日喀则市（48.82 g/100 g）>山南市（48.28 g/100 g）。

2.3.4 各地市所辖县（区）青稞淀粉含量

拉萨市达孜区、堆龙德庆区、林周县、尼木县、曲水县、墨竹工卡县 6 个县（区）70 份青稞淀粉含量情况，见表 2-2。

表 2-2 拉萨市各县（区）青稞淀粉含量 单位：g/100 g

县（区）	样品数量	均值	极小值	极大值
达孜区	3 份	48.80±1.41	47.50	50.76
堆龙德庆区	4 份	51.00±1.33	49.01	52.73
林周县	12 份	48.70±1.90	45.47	52.84
尼木县	20 份	48.64±1.67	44.87	52.43
曲水县	27 份	49.19±1.25	47.11	51.51
墨竹工卡县	4 份	53.02±1.39	50.45	55.22
合计	70 份	49.26±2.03	44.87	55.22

如表 2-2 所示，拉萨市各县（区）青稞淀粉含量由高到低顺序为：墨竹工卡县（53.02 g/100 g）>堆龙德庆区（51.00 g/100 g）>曲水县（49.19 g/100 g）>达孜区（48.80 g/100 g）>林周县（48.70 g/100 g）>尼木县（48.64 g/100 g）。

日喀则市桑珠孜区、江孜县、白朗县 3 个县（区）30 份青稞淀粉含量情况，见表 2-3。

表 2-3 日喀则市各县（区）青稞淀粉含量 单位：g/100 g

县（区）	样品数量	均值	极小值	极大值
桑珠孜区	9 份	50.81±1.31	49.22	53.67
江孜县	12 份	48.01±2.06	45.89	51.61
白朗县	9 份	47.91±1.78	45.10	50.22
合计	30 份	48.82±2.17	45.10	53.67

如表 2-3 所示，日喀则市各县（区）青稞淀粉含量由高到低顺序为：桑珠孜区（50.81 g/100 g）>江孜县（48.01 g/100 g）>白朗县（47.91 g/100 g）。

山南市乃东区、扎囊县、贡嘎县、隆子县、琼结县 5 个县（区）36 份青稞淀粉含量情况，见表 2-4。

表 2-4 山南市各县（区）青稞淀粉含量 单位：g/100 g

县（区）	样品数量	均值	极小值	极大值
乃东区	12 份	47.86±1.78	45.73	51.41
扎囊县	9 份	48.45±2.17	45.15	51.14
贡嘎县	9 份	46.64±2.41	42.14	49.99
隆子县	3 份	51.16±1.75	49.14	52.25
琼结县	3 份	51.52±1.24	50.10	52.39
合计	36 份	48.28±2.46	42.14	52.39

如表 2-4 所示，山南市各县（区）青稞淀粉含量由高到低顺序为：琼结县（51.52 g/100 g）>隆子县（51.16 g/100 g）>扎囊县（48.45 g/100 g）>乃东区（47.86 g/100 g）>贡嘎县（46.64 g/100 g）。

林芝市巴宜区、工布江达县、米林县[①] 3 个县（区）40 份青稞淀粉含量情况，见表 2-5。

表 2-5 林芝市各县（区）青稞淀粉含量 单位：g/100 g

县（区）	样品数量	均值	极小值	极大值
巴宜区	15 份	51.29±0.96	49.71	52.72
工布江达县	22 份	51.34±1.82	48.35	54.48
米林县	3 份	49.96±1.82	48.04	51.65
合计	40 份	51.22±1.55	48.04	54.48

如表 2-5 所示，林芝市各县（区）青稞淀粉含量由高到低顺序为：

① 米林县于 2023 年 4 月改称米林市。米林市由西藏自治区直辖，林芝市代管。

工布江达县（51.34 g/100 g）>巴宜区（51.29 g/100 g）>米林县（49.96 g/100 g）。

昌都市卡若区、左贡县、芒康县、洛隆县、边坝县、八宿县6个县（区）45份青稞淀粉含量情况，见表2-6。

表2-6　昌都市各县（区）青稞淀粉含量　　单位：g/100 g

县（区）	样品数量	均值	极小值	极大值
卡若区	7份	47.25±1.76	44.58	50.04
左贡县	6份	50.06±1.93	47.89	51.99
芒康县	12份	50.96±2.74	45.2	53.81
洛隆县	8份	50.66±0.71	49.73	51.52
八宿县	3份	47.27±1.08	46.03	47.93
合计	45份	49.64±2.38	44.58	53.81

如表2-6所示，昌都市各县（区）青稞淀粉含量由高到低顺序为：芒康县（50.96 g/100 g）>洛隆县（50.66 g/100 g）>左贡县（50.06 g/100 g）>边坝县（49.35 g/100 g）>八宿县（47.27 g/100 g）>卡若区（47.25 g/100 g）。

阿里地区普兰县、札达县2个县42份青稞淀粉含量情况，见表2-7。

表2-7　阿里地区各县青稞淀粉含量　　单位：g/100 g

县（区）	样品数量	均值	极小值	极大值
普兰县	23份	49.86±1.91	45.97	53.74
札达县	19份	47.76±2.16	43.56	52.02
合计	42份	48.91±2.26	43.56	53.74

如表2-7所示，阿里地区各县青稞淀粉含量由高到低顺序为：普兰县（49.86 g/100 g）>札县（47.76 g/100 g）。

2.3.5　不同品种青稞淀粉含量

西藏不同品种263份青稞淀粉含量情况，见表2-8。

表 2-8 不同品种青稞淀粉含量 单位：g/100 g

品种	样品数量	均值	极小值	极大值
藏青 2000	164 份	48.99±2.39	42.14	55.22
藏青 320	23 份	49.80±2.40	44.87	54.67
喜马拉 22	21 份	49.72±2.09	44.58	52.21
蓝青稞	21 份	50.18±1.89	46.65	53.76
紫青稞	13 份	50.76±1.91	45.97	53.74
喜马拉 19	8 份	50.27±1.49	48.04	51.91
黑青稞	7 份	50.35±1.72	47.34	52.25
藏青 13	3 份	49.09±0.80	48.55	50.00
藏青 85	3 份	49.53±2.06	47.81	52.43
合计	263 份	49.38±2.31	42.14	55.22

如表 2-8 所示，分析不同品种青稞淀粉含量得出，紫青稞（50.76 g/100 g）>黑青稞（50.35 g/100 g）>喜马拉 19（50.27 g/100 g）>蓝青稞（50.18 g/100 g）>藏青 320（49.80 g/100 g）>喜马拉 22（49.72 g/100 g）>藏青 85（49.53 g/100 g）>藏青 13（49.09 g/100 g）>藏青 2000（48.99 g/100 g）。彩色青稞品种（紫青稞）淀粉含量高于白青稞（喜马拉 19、藏青 320、喜马拉 22、藏青 2000）。

藏青 2000 在拉萨市、日喀则市、山南市、林芝市、昌都市、阿里地区 164 份青稞淀粉含量情况，见表 2-9。

表 2-9 不同地市藏青 2000 淀粉含量 单位：g/100 g

地市	样品数量	均值	极小值	极大值
拉萨市	43 份	48.89±1.83	45.22	55.22
日喀则市	24 份	48.47±1.95	45.10	51.47
山南市	24 份	47.58±2.38	42.14	52.06
林芝市	25 份	51.62±1.64	48.35	54.48
昌都市	26 份	49.18±2.45	45.2	53.81
阿里地区	22 份	48.03±2.25	43.56	51.91
合计	164 份	48.99±2.39	42.14	55.22

如表 2-9 所示，藏青 2000 在各地市淀粉含量由高到低顺序为：林芝市（51.62 g/100 g）>昌都市（49.18 g/100 g）>拉萨市（48.89 g/100 g）>日喀则市（48.47 g/100 g）>阿里地区（48.03 g/100 g）>山南市（47.58 g/100 g）。

藏青 320 在拉萨市、日喀则市、山南市、林芝市、昌都市 23 份青稞淀粉含量情况，见表 2-10。

表 2-10　不同地市藏青 320 淀粉含量　　单位：g/100 g

地市	样品数量	均值	极小值	极大值
拉萨市	9 份	49.63±3.11	44.87	54.67
日喀则市	3 份	50.59±3.60	46.64	53.67
山南市	4 份	50.19±1.54	49.13	52.39
林芝市	3 份	49.71±0.94	48.66	50.46
昌都市	4 份	49.25±1.87	47.93	51.99
合计	23 份	49.80±2.40	44.87	54.67

如表 2-10 所示，藏青 320 在各地市淀粉含量由高到低顺序为：日喀则市（50.59 g/100 g）>山南市（50.19 g/100 g）>林芝市（49.71 g/100 g）>拉萨市（49.63 g/100 g）>昌都市（49.25 g/100 g）。

喜马拉 22 在拉萨市、日喀则市、山南市、林芝市、昌都市 21 份青稞淀粉含量情况，见表 2-11。

表 2-11　不同地市喜马拉 22 淀粉含量　　单位：g/100 g

地市	样品数量	均值	极小值	极大值
拉萨市	3 份	49.69±2.23	46.59	51.73
日喀则市	3 份	49.84±1.69	47.57	51.61
山南市	4 份	48.10±1.29	46.75	49.99
林芝市	7 份	51.14±0.71	49.71	52.01
昌都市	4 份	48.81±2.76	44.58	52.21
合计	21 份	49.72±2.09	44.58	52.21

如表 2-11 所示，喜马拉 22 在各地市淀粉含量由高到低顺序为：林芝市（51.14 g/100 g）>日喀则市（49.84 g/100 g）>拉萨市（49.69

g/100 g）>昌都市（48.81 g/100 g）>山南市（48.10 g/100 g）。

蓝青稞在拉萨市、昌都市、阿里地区 21 份青稞淀粉含量情况，见表 2-12。

表 2-12　不同地市蓝青稞淀粉含量　　单位：g/100 g

地市	样品数量	均值	极小值	极大值
拉萨市	4 份	49.63±2.28	46.65	51.84
昌都市	5 份	51.54±1.74	48.91	53.76
阿里地区	12 份	49.79±1.69	46.80	52.34
合计	21 份	50.18±1.89	46.65	53.76

如表 2-12 所示，蓝青稞在各地市淀粉含量由高到低顺序为：昌都市（51.54 g/100 g）>阿里地区（49.79 g/100 g）>拉萨市（49.63 g/100 g）。

紫青稞在拉萨市、昌都市、阿里地区 13 份青稞淀粉含量情况，见表 2-13。

表 2-13　不同地市紫青稞淀粉含量　　单位：g/100 g

地市	样品数量	均值	极小值	极大值
拉萨市	5 份	50.67±1.48	48.95	52.84
昌都市	3 份	51.31±1.06	50.59	52.53
阿里地区	5 份	50.52±2.81	45.97	53.74
合计	13 份	50.76±1.91	45.97	53.74

如表 2-13 所示，紫青稞在各地市淀粉含量由高到低顺序为：昌都市（51.31 g/100 g）>拉萨市（50.67 g/100 g）>阿里地区（50.52 g/100 g）。

喜马拉 19 在林芝市、昌都市 8 份青稞淀粉含量情况，见表 2-14。

表 2-14　不同地市喜马拉 19 淀粉含量　　单位：g/100 g

地市	样品数量	均值	极小值	极大值
林芝市	5 份	50.07±0.13	49.94	50.19
昌都市	3 份	50.19±1.41	48.04	51.91
合计	8 份	50.27±1.49	48.04	51.91

如表 2-14 所示，喜马拉 19 在各地市淀粉含量由高到低顺序为：昌都市（50.19 g/100 g）>林芝市（50.07 g/100 g）。

黑青稞在拉萨市、山南市 7 份青稞淀粉含量情况，见表 2-15。

表 2-15　不同地市黑青稞淀粉含量　　单位：g/100 g

地市	样品数量	均值	极小值	极大值
拉萨市	3 份	49.79±0.18	49.59	49.93
山南市	4 份	50.77±2.32	47.34	52.25
合计	7 份	50.35±1.72	47.34	52.25

如表 2-15 所示，黑青稞在各地市淀粉含量由高到低顺序为：山南市（50.77 g/100 g）>拉萨市（49.79 g/100 g）。

藏青 13 在阿里地区的淀粉含量情况，见表 2-16。

表 2-16　阿里地区藏青 13 淀粉含量　　单位：g/100 g

地市	样品数量	均值	极小值	极大值
阿里地区	3 份	49.09±0.80	48.55	50.00

如表 2-16 所示，藏青 13 在阿里地区淀粉含量范围为 48.55～50 g/100 g，平均含量为 49.09 g/100 g。

藏青 85 在拉萨市的淀粉含量情况，见表 2-17。

表 2-17　拉萨市藏青 85 淀粉含量　　单位：g/100 g

地市	样品数量	均值	极小值	极大值
拉萨市	3 份	49.53±2.06	47.81	52.43

如表 2-17 所示，藏青 85 在拉萨市淀粉含量范围为 47.81～52.43 g/100 g，平均含量为 49.53 g/100 g。

2.4 西藏青稞直链淀粉含量

2.4.1 直链淀粉检测方法

青稞直链淀粉是*D*-葡萄糖基通过α-（1，4）糖苷键以直链状结构连接而成的大分子物质。其测定方法原理是淀粉与碘形成碘-淀粉复合物，其具有特殊的颜色反应。直链淀粉与碘生成深蓝色复合物，在波长624 nm和参比波长425 nm处分别测定直链淀粉-碘复合物的吸光度值，此2个波长的吸光度差值与溶质浓度成正比，据此可求得直链淀粉的含量。

测定方法参考标准有：GB 7648—1987《水稻、玉米、谷子籽粒直链淀粉测定法》；GB/T 15683—2008《大米 直链淀粉含量的测定》，该方法在延伸应用范围得到确认后，也可以用于青稞、糙米、玉米等其他谷物的直链淀粉含量测定；T/QAS 076—2022《青稞中直链淀粉和支链淀粉的含量测定 双波长分光光度法》等。

2.4.2 青稞品种、产地及来源

本研究经过2021年、2023年，选取西藏自治区拉萨市、日喀则市、山南市、林芝市、昌都市5个地市青稞主产县（市、区）10个青稞品种，共计348份样品进行青稞直链淀粉含量分析。其中，拉萨市73份、日喀则市99份、山南市71份、林芝市42份、昌都市63份；品种包括藏青2000、喜马拉22、黑青稞、藏青3000、当地品种、蓝青稞、藏青320、藏青17、喜马拉23、喜马拉19。

本研究采用T/QAS 076—2022《青稞中直链淀粉和支链淀粉的含量测定 双波长分光光度法》的方法测定青稞直链淀粉含量。

2.4.3 各地市青稞直链淀粉含量

西藏自治区拉萨市、日喀则市、山南市、林芝市、昌都市5个市348份青稞直链淀粉含量范围为10.01～28.15 g/100 g，平均含量为16.79 g/100 g。详见表2-18。

表 2-18　各地市青稞直链淀粉含量　　单位：g/100 g

地市	样品数量	均值	极小值	极大值
拉萨市	73 份	16.85±2.79	10.01	23.41
日喀则市	99 份	17.50±3.65	10.05	24.43
山南市	71 份	17.29±4.14	11.96	25.92
林芝市	42 份	17.56±4.37	10.03	28.15
昌都市	63 份	14.53±2.70	10.01	20.42
合计	348 份	16.79±3.68	10.01	28.15

如表 2-18 所示，比较西藏不同产区青稞直链淀粉含量，产自拉萨市的青稞直链淀粉含量范围为 10.01～23.41 g/100 g，平均含量为 16.85 g/100 g；产自日喀则市的青稞直链淀粉含量范围为 10.05～24.43 g/100 g，平均含量为 17.50 g/100 g；产自山南市的青稞直链淀粉含量范围为 11.96～25.92 g/100 g，平均含量为 17.29 g/100 g；产自林芝市的青稞直链淀粉含量范围为 10.03～28.15 g/100 g，平均含量为 17.56 g/100 g；产自昌都市的青稞直链淀粉含量范围为 10.01～20.42 g/100 g，平均含量为 14.53 g/100 g。各地市青稞直链淀粉平均含量由高到低顺序为：林芝市（17.56 g/100 g）>日喀则市（17.50 g/100 g）>山南市（17.29 g/100 g）>拉萨市（16.85 g/100 g）>昌都市（14.53 g/100 g）。

2.4.4　各地市所辖县（市、区）青稞直链淀粉含量

拉萨市达孜区、林周县、曲水县、墨竹工卡县 4 个县（区）73 份青稞直链淀粉含量情况，见表 2-19。

表 2-19　拉萨市各县（区）青稞直链淀粉含量　　单位：g/100 g

县（区）	样品数量	均值	极小值	极大值
达孜区	16 份	16.42±2.28	12.38	21.20
林周县	22 份	15.31±2.55	10.01	19.20
曲水县	7 份	19.27±2.48	17.09	23.41
墨竹工卡县	28 份	17.69±2.69	11.36	21.60
合计	73 份	16.85±2.79	10.01	23.41

如表 2-19 所示，拉萨市各县（区）青稞直链淀粉含量由高到低顺序为：曲水县（19.27 g/100 g）>墨竹工卡县（17.69 g/100 g）>达孜区（16.42 g/100 g）>林周县（15.31 g/100 g）。

日喀则市桑珠孜区、江孜县、白朗县、康马县 4 个县（区）99 份青稞直链淀粉含量情况，见表 2-20。

表 2-20 日喀则市各县（区）青稞直链淀粉含量 单位：g/100 g

县（区）	样品数量	均值	极小值	极大值
桑珠孜区	12 份	15.89±4.09	10.05	20.63
江孜县	38 份	18.54±3.66	10.96	24.43
白朗县	30 份	17.54±2.83	10.40	21.72
康马县	19 份	16.36±4.05	10.18	22.91
合计	99 份	17.50±3.65	10.05	24.43

如表 2-20 所示，日喀则市各县（区）青稞直链淀粉含量由高到低顺序为：江孜县（18.54 g/100 g）>白朗县（17.54 g/100 g）>康马县（16.36 g/100 g）>桑珠孜区（15.89 g/100 g）。

山南市乃东区、扎囊县、贡嘎县、桑日县、隆子县 5 个县（区）71 份青稞直链淀粉含量情况，见表 2-21。

表 2-21 山南市各县（区）青稞直链淀粉含量 单位：g/100 g

县（区）	样品数量	均值	极小值	极大值
乃东区	6 份	14.44±1.50	12.63	16.91
扎囊县	14 份	16.03±3.13	12.21	23.86
贡嘎县	34 份	19.39±4.72	11.96	25.92
桑日县	11 份	15.39±1.27	13.69	17.71
隆子县	6 份	14.58±0.96	13.53	15.96
合计	71 份	17.29±4.14	11.96	25.92

如表 2-21 所示，山南市各县（区）青稞直链淀粉含量由高到低顺序为：贡嘎县（19.39 g/100 g）>扎囊县（16.03 g/100 g）>桑日县（15.39 g/100 g）>隆子县（14.58 g/100 g）>乃东区（14.44 g/100 g）。

林芝市巴宜区、工布江达县、米林县（米林市）、朗县4个县（市、区）42份青稞直链淀粉含量情况，见表2-22。

表2-22 林芝市各县（市、区）青稞直链淀粉含量 单位：g/100 g

县（市、区）	样品数量	均值	极小值	极大值
巴宜区	12份	16.56±5.38	10.03	23.32
工布江达县	4份	20.65±0.40	20.30	21.24
米林县（米林市）	11份	16.43±3.77	12.14	23.42
朗县	15份	18.36±4.21	13.89	28.15
合计	42份	17.56±4.37	10.03	28.15

如表2-22所示，林芝市各县（市、区）青稞直链淀粉含量由高到低顺序为：工布江达县（20.65 g/100 g）>朗县（18.36 g/100 g）>巴宜区（16.56 g/100 g）>米林县（米林市）（16.43 g/100 g）。

昌都市卡若区、左贡县、察雅县、芒康县、洛隆县、边坝县6个县（区）63份青稞直链淀粉含量情况，见表2-23。

表2-23 昌都市各县（区）青稞直链淀粉含量 单位：g/100 g

县（区）	样品数量	均值	极小值	极大值
卡若区	6份	12.15±0.98	11.24	13.89
左贡县	23份	15.61±2.62	10.75	19.50
察雅县	12份	14.34±2.10	11.85	17.60
芒康县	6份	13.34±2.15	10.05	16.08
洛隆县	13份	15.16±3.19	10.01	20.40
边坝县	3份	11.49±0.65	10.78	12.07
合计	63份	14.53±2.70	10.01	20.42

如表2-23所示，昌都市各县（区）青稞直链淀粉含量由高到低顺序为：左贡县（15.61 g/100 g）>洛隆县（15.16 g/100 g）>察雅县（14.34 g/100 g）>芒康县（13.34 g/100 g）>卡若区（12.15 g/100 g）>边坝县（11.49 g/100 g）。

2.4.5 不同品种青稞直链淀粉含量

西藏不同品种 300 份青稞直链淀粉含量情况，见表 2-24。

表 2-24 不同品种青稞直链淀粉含量 单位：g/100 g

品种	样品数量	均值	极小值	极大值
藏青 2000	89 份	16.73±3.40	10.05	24.36
喜马拉 22	66 份	17.27±3.22	10.01	24.16
黑青稞	39 份	15.71±2.80	11.85	24.42
藏青 3000	24 份	17.81±3.88	10.96	25.60
当地品种	23 份	14.40±3.12	10.01	23.43
蓝青稞	20 份	16.85±3.99	11.25	22.73
藏青 320	12 份	18.43±3.21	13.77	22.44
藏青 17	12 份	17.92±3.03	10.40	20.82
喜马拉 23	10 份	15.58±4.42	10.05	20.63
喜马拉 19	5 份	19.85±3.21	14.16	21.79
合计	300 份	17.05±3.43	10.01	25.60

如表 2-24 所示，分析不同品种青稞直链淀粉含量得出，喜马拉 19（19.85 g/100 g）>藏青 320（18.43 g/100 g）>藏青 17（17.92 g/100 g）>藏青 3000（17.81 g/100 g）>喜马拉 22（17.27 g/100 g）>蓝青稞（16.85 g/100 g）>藏青 2000（16.73 g/100 g）>黑青稞（15.71 g/100 g）>喜马拉 23（15.58 g/100 g）>当地品种（14.40 g/100 g）。

藏青 2000 在拉萨市、日喀则市、山南市、林芝市、昌都市 89 份青稞直链淀粉含量情况，见表 2-25。

表 2-25 不同地市藏青 2000 直链淀粉含量 单位：g/100 g

地市	样品数量	均值	极小值	极大值
拉萨市	39 份	16.59±2.59	11.18	23.41
日喀则市	19 份	16.49±3.81	10.18	23.22
山南市	19 份	17.23±4.05	12.86	24.36
林芝市	5 份	20.66±0.35	20.32	21.21
昌都市	7 份	14.44±3.66	10.05	19.55
合计	89 份	16.73±3.40	10.05	24.36

如表 2-25 所示，藏青 2000 在各地市直链淀粉含量由高到低顺序为：林芝市（20. 66 g/100 g）>山南市（17. 23 g/100 g）>拉萨市（16. 59 g/100 g）>日喀则市（16. 49 g/100 g）>昌都市（14. 44 g/100 g）。

喜马拉 22 在拉萨市、日喀则市、山南市、林芝市、昌都市 66 份青稞直链淀粉含量情况，见表 2-26。

表 2-26　不同地市喜马拉 22 直链淀粉含量　单位：g/100 g

地市	样品数量	均值	极小值	极大值
拉萨市	29 份	17. 47±3. 11	10. 01	21. 69
日喀则市	12 份	16. 91±3. 36	12. 05	21. 32
山南市	8 份	17. 71±4. 51	13. 62	24. 16
林芝市	3 份	21. 50±1. 51	19. 95	22. 98
昌都市	14 份	16. 03±2. 20	11. 84	18. 73
合计	66 份	17. 27±3. 22	10. 01	24. 16

如表 2-26 所示，喜马拉 22 在各地市直链淀粉含量由高到低顺序为：林芝市（21. 50 g/100 g）>山南市（17. 71 g/100 g）>拉萨市（17. 47 g/100 g）>日喀则市（16. 91 g/100 g）>昌都市（16. 03 g/100 g）。

黑青稞在拉萨市、日喀则市、山南市、昌都市 39 份青稞直链淀粉含量情况，见表 2-27。

表 2-27　不同地市黑青稞直链淀粉含量　单位：g/100 g

地市	样品数量	均值	极小值	极大值
拉萨市	3 份	14. 96±1. 26	13. 55	15. 99
日喀则市	8 份	19. 59±2. 77	15. 51	24. 42
山南市	12 份	14. 46±1. 09	12. 63	16. 22
昌都市	16 份	14. 85±2. 35	11. 85	18. 51
合计	39 份	15. 71±2. 80	11. 85	24. 42

如表 2-27 所示，黑青稞在各地市直链淀粉含量由高到低顺序为：日喀则市（19. 59 g/100 g）>拉萨市（14. 96 g/100 g）>昌都市（14. 85 g/100 g）>山南市（14. 46 g/100 g）。

藏青3000在日喀则市、山南市、昌都市24份青稞直链淀粉含量情况，见表2-28。

表2-28 不同地市藏青3000直链淀粉含量 单位：g/100 g

地市	样品数量	均值	极小值	极大值
日喀则市	11份	16.67±2.96	10.96	21.2
山南市	10份	19.19±4.99	11.95	25.60
昌都市	3份	17.37±0.26	17.09	17.65
合计	24份	17.81±3.88	10.96	25.60

如表2-28所示，藏青3000在各地市直链淀粉含量由高到低顺序为：山南市（19.19 g/100 g）>昌都市（17.37 g/100 g）>日喀则市（16.67 g/100 g）。

当地品种在拉萨市、山南市、昌都市23份青稞直链淀粉含量情况，见表2-29。

表2-29 不同地市当地品种直链淀粉含量 单位：g/100 g

地市	样品数量	均值	极小值	极大值
拉萨市	4份	19.17±3.83	14.11	23.43
山南市	4份	14.96±1.29	13.81	16.82
昌都市	15份	12.97±1.94	10.01	18.72
合计	23份	14.40±3.12	10.01	23.43

如表2-29所示，当地品种在各地市直链淀粉含量由高到低顺序为：拉萨市（19.17 g/100 g）>山南市（14.96 g/100 g）>昌都市（12.97 g/100 g）。

蓝青稞在日喀则市、山南市、昌都市20份青稞直链淀粉含量情况，见表2-30。

表2-30 不同地市蓝青稞直链淀粉含量 单位：g/100 g

地市	样品数量	均值	极小值	极大值
日喀则市	10份	18.47±4.67	11.75	22.73

（续表）

地市	样品数量	均值	极小值	极大值
山南市	6 份	16.29±1.44	14.19	17.93
昌都市	4 份	12.34±1.11	11.25	13.89
合计	20 份	16.85±3.99	11.25	22.73

如表 2-30 所示，蓝青稞在各地市直链淀粉含量高到低的顺序为：日喀则市（18.47 g/100 g）>山南市（16.29 g/100 g）>昌都市（12.34 g/100 g）。

藏青 320 在日喀则市 12 份青稞直链淀粉含量情况，见表 2-31。

表 2-31　日喀则市藏青 320 直链淀粉含量　　单位：g/100 g

地市	样品数量	均值	极小值	极大值
日喀则市	12 份	18.43±3.21	13.77	22.44

如表 2-31 所示，藏青 320 在日喀则市直链淀粉含量范围为 13.77~22.44 g/100 g，平均含量为 18.43 g/100 g。

藏青 17 在日喀则市 12 份青稞直链淀粉含量情况，见表 2-32。

表 2-32　日喀则市藏青 17 直链淀粉含量　　单位：g/100 g

地市	样品数量	均值	极小值	极大值
日喀则市	12 份	17.92±3.03	10.40	20.82

如表 2-32 所示，藏青 17 在日喀则直链淀粉含量范围为 10.40~20.82 g/100 g，平均含量为 17.92 g/100 g。

喜马拉 23 在日喀则市 10 份青稞直链淀粉含量情况，见表 2-33。

表 2-33　日喀则市喜马拉 23 直链淀粉含量　　单位：g/100 g

地市	样品数量	均值	极小值	极大值
日喀则市	10 份	15.58±4.42	10.05	20.63

如表 2-33 所示，喜马拉 23 在日喀则市直链淀粉含量范围为 10.05~

20.63 g/100 g，平均含量为 15.58 g/100 g。

喜马拉 19 在日喀则市 5 份青稞直链淀粉含量情况，见表 2-34。

表 2-34 日喀则市喜马拉 19 直链淀粉含量 单位：g/100 g

地市	样品数量	均值	极小值	极大值
日喀则市	5 份	19.85±3.21	14.16	21.79

如表 2-34 所示，喜马拉 19 在日喀则市直链淀粉含量范围为 14.16～21.79 g/100 g，平均含量为 19.85 g/100 g。

2.5 西藏青稞支链淀粉含量

2.5.1 支链淀粉检测方法

支链淀粉是 24～30 个葡萄糖残基以 α-1,4-糖苷键首尾相连而成，在支链处为 α-1,6-糖苷键连接而成的大分子物质。其测定方法原理是淀粉与碘形成碘-淀粉复合物，其具有特殊的颜色反应。支链淀粉与碘生成棕红色复合物，并在测定波长 536 nm 和参比波长 750 nm 处分别测定支链淀粉-碘复合物的吸光度值，此 2 个波长的吸光度差值与该溶质浓度成正比，可据此求得支链淀粉的含量。

测定方法参考标准有：GB 7648—1987《水稻、玉米、谷子籽粒直链淀粉测定法》；GB/T 15683—2008《大米 直链淀粉含量的测定》，该方法在延伸应用范围得到确认后，也可以用于青稞、糙米、玉米等其他谷物的直链淀粉含量测定；T/QAS 076—2022《青稞中直链淀粉和支链淀粉的含量测定 双波长分光光度法》等。

2.5.2 青稞品种、产地及来源

本研究经过 2021 年、2023 年，选取西藏自治区拉萨市、日喀则市、山南市、林芝市、昌都市 5 个地市青稞主产县（市、区）10 个青稞品种，共计 348 份样品进行青稞支链淀粉含量分析。其中，拉萨市 73 份、日喀则市 99 份、山南市 71 份、林芝市 42 份、昌都市 63 份；品种包括藏青

2000、喜马拉22、黑青稞、藏青3000、当地品种、蓝青稞、藏青320、藏青17、喜马拉23、喜马拉19。

本研究采用T/QAS 076—2022《青稞中直链淀粉和支链淀粉的含量测定 双波长分光光度法》的方法测定青稞支链淀粉含量。

2.5.3 各地市青稞支链淀粉含量

西藏自治区拉萨市、日喀则市、山南市、林芝市、昌都市5个地市348份青稞支链淀粉含量范围为30.01~56.71 g/100 g，平均含量为39.26 g/100 g。详见表2-35。

表2-35 各地市青稞支链淀粉含量 单位：g/100 g

地市	样品数量	均值	极小值	极大值
拉萨市	73份	41.32±6.64	30.09	53.92
日喀则市	99份	39.60±6.39	30.01	56.71
山南市	71份	36.21±4.66	30.20	50.83
林芝市	42份	37.69±5.93	32.56	52.74
昌都市	63份	40.80±6.94	31.33	53.51
合计	348份	39.26±6.43	30.01	56.71

如表2-35所示，比较西藏不同产区青稞支链淀粉含量，产自拉萨市的青稞支链淀粉含量范围为30.09~53.92 g/100 g，平均含量为41.32 g/100 g；产自日喀则市的青稞支链淀粉含量范围为30.01~56.71 g/100 g，平均含量为39.60 g/100 g；产自山南市的青稞支链淀粉含量范围为30.20~50.83 g/100 g，平均含量为36.21 g/100 g；产自林芝市的青稞支链淀粉含量范围为32.56~52.74 g/100 g，平均含量为37.69 g/100 g；产自昌都市的青稞支链淀粉含量范围为31.33~53.51 g/100 g，平均含量为40.80 g/100 g。各地市青稞支链淀粉平均含量由高到低顺序为：拉萨市（41.32 g/100 g）>昌都市（40.80 g/100 g）>日喀则市（39.60 g/100 g）>林芝市（37.69 g/100 g）>山南市（36.21 g/100 g）。

2.5.4 各地市所辖县（市、区）青稞支链淀粉含量

拉萨市达孜区、林周县、曲水县、墨竹工卡县 4 个县（区）73 份青稞支链淀粉含量情况，见表 2-36。

表 2-36 拉萨市各县（区）青稞支链淀粉含量 单位：g/100 g

县（区）	样品数量	均值	极小值	极大值
达孜区	16 份	42. 37±7. 11	30. 19	51. 35
林周县	22 份	39. 73±8. 77	30. 09	53. 92
曲水县	7 份	41. 75±2. 72	37. 61	45. 70
墨竹工卡县	28 份	41. 88±4. 97	31. 46	48. 90
合计	73 份	41. 32±6. 64	30. 09	53. 92

如表 2-36 所示，拉萨市各县（区）青稞支链淀粉含量由高到低顺序为：达孜区（42. 37 g/100 g）>墨竹工卡县（41. 88 g/100 g）>曲水县（41. 75 g/100 g）>林周县（39. 73 g/100 g）。

日喀则市桑珠孜区、江孜县、白朗县、康马县 4 个县（区）99 份青稞支链淀粉含量情况，见表 2-37。

表 2-37 日喀则市各县（区）青稞支链淀粉含量 单位：g/100 g

县（区）	样品数量	均值	极小值	极大值
桑珠孜区	12 份	37. 29±2. 33	34. 11	41. 47
江孜县	38 份	41. 01±5. 57	32. 45	51. 72
白朗县	30 份	41. 10±8. 18	30. 01	56. 71
康马县	19 份	35. 90±4. 64	30. 04	50. 14
合计	99 份	39. 60±6. 39	30. 01	56. 71

如表 2-37 所示，日喀则市各县（区）青稞支链淀粉含量由高到低顺序为：白朗县（41. 10 g/100 g）>江孜县（41. 01 g/100 g）>桑珠孜区（37. 29 g/100 g）>康马县（35. 90 g/100 g）。

山南市乃东区、扎囊县、贡嘎县、桑日县、隆子县 5 个县（区）71 份青稞支链淀粉含量情况，见表 2-38。

表 2-38 山南市各县（区）青稞支链淀粉含量 单位：g/100 g

县（区）	样品数量	均值	极小值	极大值
乃东区	6 份	34.65±4.27	32.58	43.35
扎囊县	14 份	34.68±2.81	30.93	39.83
贡嘎县	34 份	37.89±5.56	30.20	50.83
桑日县	11 份	35.08±3.31	32.58	42.52
隆子县	6 份	33.88±1.02	32.78	35.53
合计	71 份	36.21±4.66	30.20	50.83

如表 2-38 所示，山南市各县（区）青稞支链淀粉含量由高到低顺序为：贡嘎县（37.89 g/100 g）>桑日县（35.08 g/100 g）>扎囊县（34.68 g/100 g）>乃东区（34.65 g/100 g）>隆子县（33.88 g/100 g）。

林芝市巴宜区、工布江达县、米林县（米林市）、朗县 4 个县（市、区）42 份青稞支链淀粉含量情况，见表 2-39。

表 2-39 林芝市各县（市、区）青稞支链淀粉含量 单位：g/100 g

县（市、区）	样品数量	均值	极小值	极大值
巴宜区	12 份	37.84±5.56	32.61	47.63
工布江达县	4 份	38.22±1.43	36.43	39.61
米林县（米林市）	11 份	38.27±8.05	32.56	52.74
朗县	15 份	36.99±5.56	32.65	47.21
合计	42 份	37.69±5.93	32.56	52.74

如表 2-39 所示，林芝市各县（市、区）青稞支链淀粉含量由高到低顺序为：米林县（米林市）（38.27 g/100 g）>工布江达县（38.22 g/100 g）>巴宜区（37.84 g/100 g）>朗县（36.99 g/100 g）。

昌都市卡若区、左贡县、察雅县、芒康县、洛隆县、边坝县 6 个县（区）63 份青稞支链淀粉含量情况，见表 2-40。

表 2-40 昌都市各县（区）青稞支链淀粉含量 单位：g/100 g

县（区）	样品数量	均值	极小值	极大值
卡若区	6 份	34.69±1.18	32.82	35.53

（续表）

县（区）	样品数量	均值	极小值	极大值
左贡县	23 份	43.86±7.74	31.33	53.24
察雅县	12 份	42.47±7.22	34.72	53.51
芒康县	6 份	36.78±2.65	33.04	39.62
洛隆县	13 份	39.81±5.61	33.66	49.32
边坝县	3 份	35.31±0.24	35.07	35.57
合计	63 份	40.80±6.94	31.33	53.51

如表 2-40 所示，昌都市各县（区）青稞支链淀粉含量由高到低顺序为：左贡县（43.86 g/100g）>察雅县（42.47 g/100 g）>洛隆县（39.81 g/100 g）>芒康县（36.78 g/100 g）>边坝县（35.31 g/100 g）>卡若区（34.69 g/100 g）。

2.5.5 不同品种青稞支链淀粉含量

西藏不同品种 300 份青稞支链淀粉含量情况，见表 2-41。

表 2-41 不同品种青稞支链淀粉含量 单位：g/100 g

品种	样品数量	均值	极小值	极大值
藏青 2000	89 份	39.72±7.06	30.03	53.94
黑青稞	39 份	39.71±7.05	32.68	53.51
喜马拉 22	66 份	41.33±6.48	31.32	52.61
藏青 3000	24 份	40.84±7.25	30.65	56.70
当地品种	23 份	36.61±4.92	30.09	51.45
蓝青稞	20 份	38.75±5.33	32.64	50.62
藏青 17	12 份	39.46±5.88	30.03	50.34
藏青 320	12 份	38.51±5.29	30.04	46.14
喜马拉 23	10 份	37.19±1.89	34.22	40.81
喜马拉 19	5 份	36.94±4.08	32.81	41.38
合计	300 份	38.91±5.52	30.03	56.70

如表 2-41 所示，分析不同品种青稞支链淀粉含量得出，喜马拉 22

（41.33 g/100 g）>藏青 3000（40.84 g/100 g）>藏青 2000（39.72 g/100 g）>黑青稞（39.71 g/100 g）>藏青 17（39.46 g/100 g）>蓝青稞（38.75 g/100 g）>藏青 320（38.51 g/100 g）>喜马拉 23（37.19 g/100 g）>喜马拉 19（36.94 g/100 g）>当地品种（36.61 g/100 g）。

藏青 2000 在拉萨市、日喀则市、山南市、林芝市、昌都市 89 份青稞支链淀粉含量情况，见表 2-42。

表 2-42　不同地市藏青 2000 支链淀粉含量　　单位：g/100 g

地市	样品数量	均值	极小值	极大值
拉萨市	39 份	42.01±7.31	30.13	53.94
日喀则市	19 份	37.84±6.99	30.03	51.27
山南市	19 份	36.36±5.82	30.19	48.91
林芝市	5 份	41.12±6.59	36.23	52.72
昌都市	7 份	40.20±6.35	34.73	51.54
合计	89 份	39.72±7.06	30.03	53.94

如表 2-42 所示，藏青 2000 在各地市支链淀粉含量由高到低顺序为：拉萨市（42.01 g/100 g）>林芝市（41.12 g/100 g）>昌都市（40.20 g/100 g）>日喀则市（37.84 g/100 g）>山南市（36.36 g/100 g）。

黑青稞在拉萨市、日喀则市、山南市、林芝市、昌都市 39 份青稞支链淀粉含量情况，见表 2-43。

表 2-43　不同地市黑青稞支链淀粉含量　　单位：g/100 g

地市	样品数量	均值	极小值	极大值
拉萨市	3 份	34.07±2.02	32.68	36.40
日喀则市	8 份	43.86±5.84	33.42	51.76
山南市	12 份	33.55±0.89	32.70	35.53
昌都市	16 份	43.32±7.24	34.72	53.51
合计	39 份	39.71±7.05	32.68	53.51

如表 2-43 所示，黑青稞在各地市支链淀粉含量由高到低顺序为：日喀则市（43.86 g/100 g）>昌都市（43.32 g/100 g）>拉萨市（34.07

g/100 g）>山南市（33.55 g/100 g）。

喜马拉22在拉萨市、日喀则市、山南市、林芝市、昌都市66份青稞支链淀粉含量情况，见表2-44。

表2-44 不同地市喜马拉22支链淀粉含量 单位：g/100 g

地市	样品数量	均值	极小值	极大值
拉萨市	29份	41.51±5.44	31.45	49.84
日喀则市	12份	39.15±6.89	32.45	52.53
山南市	8份	37.69±6.82	32.58	50.81
林芝市	3份	45.70±2.06	43.55	47.62
昌都市	14份	43.97±7.68	31.32	52.61
合计	66份	41.33±6.48	31.32	52.61

如表2-44所示，喜马拉22在各地市支链淀粉含量由高到低顺序为：林芝市（45.70 g/100 g）>昌都市（43.97 g/100 g）>拉萨市（41.51 g/100 g）>日喀则市（39.15 g/100 g）>山南市（37.69 g/100 g）。

藏青3000在日喀则市、山南市、昌都市24份青稞支链淀粉含量情况，见表2-45。

表2-45 不同地市藏青3000支链淀粉含量 单位：g/100 g

地市	样品数量	均值	极小值	极大值
日喀则市	11份	42.69±8.99	30.65	56.70
山南市	10份	37.30±3.90	32.71	43.35
昌都市	3份	45.85±3.52	42.04	49.00
合计	24份	40.84±7.25	30.65	56.70

如表2-45所示，藏青3000在各地市支链淀粉含量由高到低顺序：昌都市（45.85 g/100 g）>日喀则市（42.69 g/100 g）>山南市（37.30 g/100 g）。

当地品种在拉萨市、山南市、昌都市23份青稞支链淀粉含量情况，见表2-46。

表 2-46　不同地市当地品种支链淀粉含量　　单位：g/100 g

地市	样品数量	均值	极小值	极大值
拉萨市	4 份	42.24±8.81	30.09	51.45
山南市	4 份	32.87±0.48	32.58	33.60
昌都市	15 份	36.11±3.13	32.90	46.42
合计	23 份	36.61±4.92	30.09	51.45

如表 2-46 所示，当地品种在各地市支链淀粉含量由高到低顺序为：拉萨市（42.24 g/100 g）>昌都市（36.11 g/100 g）>山南市（32.87 g/100 g）。

蓝青稞在日喀则市、山南市、昌都市 20 份青稞支链淀粉含量情况，见表 2-47。

表 2-47　不同地市蓝青稞支链淀粉含量　　单位：g/100 g

地市	样品数量	均值	极小值	极大值
日喀则市	10 份	41.95±5.69	35.57	50.62
山南市	6 份	36.36±3.38	32.64	42.52
昌都市	4 份	34.35±1.37	32.82	35.57
合计	20 份	38.75±5.33	32.64	50.62

如表 2-47 所示，蓝青稞在各地市支链淀粉含量由高到低顺序为：日喀则市（41.95 g/100 g）>山南市（36.36 g/100 g）>昌都市（34.35 g/100 g）。

藏青 17 在日喀则市 12 份青稞支链淀粉含量情况，见表 2-48。

表 2-48　日喀则市藏青 17 支链淀粉含量　　单位：g/100 g

地市	样品数量	均值	极小值	极大值
日喀则市	12 份	39.46±5.88	30.03	50.34

如表 2-48 所示，藏青 17 在日喀则市支链淀粉含量范围为 30.03～50.34 g/100 g，平均含量为 39.46 g/100 g。

藏青 320 在日喀则市 12 份青稞支链淀粉含量情况，见表 2-49。

表 2-49 日喀则市藏青 320 支链淀粉含量 单位：g/100 g

地市	样品数量	均值	极小值	极大值
日喀则市	12 份	38. 51±5. 29	30. 04	46. 14

如表 2-49 所示，藏青 320 在日喀则市支链淀粉含量范围为 30. 04～46. 14 g/100 g，平均含量为 38. 51 g/100 g。

喜马拉 23 在日喀则市 10 份青稞支链淀粉含量情况，见表 2-50。

表 2-50 日喀则市喜马拉 23 支链淀粉含量 单位：g/100 g

地市	样品数量	均值	极小值	极大值
日喀则市	10 份	37. 19±1. 89	34. 22	40. 81

如表 2-50 所示，喜马拉 23 在日喀则市支链淀粉含量范围为 34. 22～40. 81 g/100 g，平均含量为 37. 19 g/100 g。

喜马拉 19 在日喀则市 5 份青稞支链淀粉含量情况，见表 2-51。

表 2-51 日喀则市喜马拉 19 支链淀粉含量 单位：g/100 g

地市	样品数量	均值	极小值	极大值
日喀则市	5 份	36. 94±4. 08	32. 81	41. 38

如表 2-51 所示，喜马拉 19 在日喀则支链淀粉含量范围为 32. 81～41. 38 g/100 g，平均含量为 36. 94 g/100 g。

参考文献

曹承嘉，2020. 青稞抗性淀粉的制备及其对酒精性胃损伤的保护作用研究［D］. 武汉：华东理工大学.

丁捷，郑丁菘，黄益前，等，2016. 川西产区不同品种青稞全粉基本特性研究［J］. 食品科技，41（9）：171-177.

韩丽瑶，李梁，张博辉，等，2020. 压热法制备黑青稞抗性淀粉工艺及性质研究［J］. 食品研究与开发，41（10）：115-121.

梁丽静，王松涛，贾俊杰，等，2022. 不同青稞籽粒品质特性与酿酒品质关系分［J］. 食品科学，43（23）：27-33.

刘新兴，李建颖，赵彦巧．等，2014. 青稞淀粉的提取工艺优化研究［J］. 食品研究与开发，35（5）：34-37.

陆培，安明哲，李茂，等，2022. 青稞营养成分研究进展及其应用现状［J］. 酿酒科技（7）：110-116.

吕元娣，2016. 青稞淀粉及其改性产品的性能与应用研究［D］. 武汉：华东理工大学.

潘明，2001. 马铃薯淀粉和玉米淀粉的特性及其应用比较［J］. 中国马铃薯（4）：222-226.

任欣，孙沛然，闫淑琴，等，2016. 5 种青稞淀粉的理化性质比较［J］. 中国食品学报，16（7）：268-275.

田海霞，张宇，杨彤彤，2022. 白酒酿造中原粮淀粉水解的影响因素研究：小麦中的淀粉水解研究［J］. 食品界（6）：115-117.

王则徐，周文菊，陈正行，等，2024. 不同制备方法对青稞抗性淀粉消化性的影响［J］. 食品与发酵工业，50（1）：189-195.

王志伟，闰凤霞，徐嘉良，等，2019. 3 种高粱品种淀粉特性和酿造黄酒的风味品质分析［J］. 食品科学，40（13）：45-51.

肖新龙，2013. 青稞淀粉理化特性及其抗性淀粉制备研究［D］. 杨凌：西北农林科技大学.

徐明生，上官新晨，2003. 葛粉与其他淀粉物理特性比较研究［J］. 中国粮油学报，18（3）：62-64.

余平，石彦忠，2011. 淀粉与淀粉制品工艺学［M］. 北京：中国轻工业出版社：7-26.

藏靖巍，阚建全，陈宗道，等，2004. 青稞的成分研究及其应用现状［J］. 中国食品添加剂（4）：43-46.

张倩倩，2015. 青稞慢性消化淀粉制备条件的优化及应用［D］. 上海：上海海洋大学.

郑铁松，龚院生，1996. 粮食与食品生化实验指导［M］. 郑州：河南医科大学出版社.

郑学玲，张玉玉，张杰，2010. 青稞淀粉的特性、分离及应用［J］. 粮油加工（3）：57-61.

郑学玲，张玉玉，张杰，2010. 青稞淀粉和小麦淀粉的理化性质比较研究［J］. 中国粮油学报，25（10）：52-56.

郑学玲，张玉玉，张杰，2011. 青稞淀粉理化特性的研究［J］. 中国粮油学报，26（4）：30-36.

邹弈星，潘志芬，邓光兵，等，2008. 青藏高原青稞的淀粉特性［J］. 麦类作物学报（1）：74-79.

ANDERSSON A A M，ANDERSSON R，AMAN P，2001. Starch and by-products from a laboratory-scale barley starch isolation procedure［J］. Cereal Chemistry，78（4）：507-513.

ASHOGBON A O，AKINTAYO E T，2014. Recent trend in the physical and chemical modification of starches from different botanical sources：a review［J］. Starch/Starke，66：41-57.

OBADI M，SUN J，XU B，2021. Highland barley：chemical composition，bioactive compounds，health effects，and applications［J］. Food Research International，140：110065.

SINGH J，MCCARTHY O J，SINGH H，et al.，2008. Low temperature post-harvest storage of New Zealand Taewa（Maori potato）：Effects On starch physico-chemical and functional characteristics［J］. Food Chemistry，106：583-596.

VASANTHAN T，BHATTY R S，1995. Starch purification after pin milling and classification of waxy，normal，and high amylase barleys［J］. Cereal Chemistry，72（4）：379-384.

3 青稞蛋白质

3.1 蛋白质

蛋白质（Protein）是由 α-氨基酸按一定顺序结合形成 1 条多肽链，再由 1 条或 1 条以上的多肽链按特定方式折叠而成的高分子化合物，主要由碳、氢、氧、氮 4 种元素构成。人体内蛋白质种类超过 10 万种，蛋白质参与了人体所有重要组织和细胞的组成，是维持生命的基础物质之一。

蛋白质可按化学组成结构、形状以及营养价值进行分类。根据化学组成结构，蛋白质可分为单纯蛋白质与结合蛋白质两大类。前者有清蛋白、球蛋白、谷蛋白、醇溶谷蛋白、鱼精蛋白、组蛋白和硬蛋白等，水解后的最终产物只是氨基酸；后者由单纯蛋白质与非蛋白质分子（辅基）结合而成，如核蛋白、糖蛋白、脂蛋白、磷蛋白、色蛋白等，水解后还有其所含的非蛋白质分子。根据形状，蛋白质可分为纤维状蛋白质和球状蛋白质。前者多为结构蛋白，是形成机体组织的物质基础，如胶原蛋白等；后者多用以合成生物活性因子，如酶、激素、免疫因子、补体等。根据营养价值，蛋白质可分为完全蛋白、半完全蛋白以及不完全蛋白。完全蛋白所含必需氨基酸种类齐全、数量充足、比例适当，不但能维持成人的健康，并能促进儿童生长发育，如乳类中的酪蛋白、乳白蛋白，蛋类中的卵白蛋白、卵磷蛋白，肉类中的白蛋白、肌蛋白，大豆中的大豆蛋白，小麦中的麦谷蛋白，玉米中的谷蛋白等。半完全蛋白所含必需氨基酸种类齐全，但有的氨基酸数量不足，比例不适当，可以维持生命，但不能促进生长发育，如小麦中的麦胶蛋白等。不完全蛋白质所含必需氨基酸种类不全，既不能维持生命，也不能促进生长发育，如玉米中的玉米胶蛋白，动物结缔组织和肉皮中的胶质蛋白，豌豆中的豆球蛋白等。量化青稞蛋白质的营养价值一般以氨基酸的含量为评价标准。

食品中常见的蛋白质包括肉类蛋白质、牛乳蛋白质、鸡蛋蛋白质、鱼肉蛋白质、谷物蛋白质。肉类蛋白质分为肌原纤维蛋白、肌浆蛋白、基质蛋白；牛乳蛋白质可分为酪蛋白和乳清蛋白；鸡蛋蛋白质可分为蛋清蛋白和蛋黄蛋白；鱼肉蛋白质可分为肌浆蛋白、肌原纤维蛋白和基质蛋白，其中基质蛋白含量较少；谷物蛋白质可分为清蛋白、球蛋白、醇溶蛋白和谷蛋白，其中醇溶蛋白和谷蛋白是谷类的储藏蛋白质。青稞中 4 种蛋白组分较为齐全，其醇溶蛋白含量较小麦醇溶蛋白少一些，而麦谷蛋白比小麦麦谷蛋白含量高得多。不同青稞品种的蛋白质组成中，谷蛋白含量最高，球蛋白含量最少，清蛋白和醇溶蛋白含量相当。

3.2 蛋白质的营养作用

蛋白质作为构成人体的组织结构之一，是人体细胞、组织和器官的重要构成部分，组织的更新与修补需要蛋白质的供给。蛋白质在机体中的基本作用如下。

①运输物质。机体内许多物质都要通过蛋白质进行运输，如血液里的血红蛋白可以运输氧气到达全身。

②催化作用。机体内负责各种生理功能的酶都是蛋白质，如由胰腺产生的胰蛋白酶，可以催化食物中的蛋白质分解从而吸收。

③提高抵抗力。抗体是有防御功能的免疫球蛋白，具有提高机体抵抗力、保护机体免受细菌和病毒侵害的作用，增强机体的抗病能力，从而保护人体免受感染。

④维持体内的酸碱平衡。蛋白质缓冲体系是血液缓冲系统的重要组成部分，其基本等量的游离氨基和游离羧基起到维持血液酸碱平衡的作用。

⑤激素合成的材料。人体的生理功能靠激素调节，如生长激素、性激素、肾上腺激素等的合成都需要蛋白质的参与。

⑥降低营养性水肿。蛋白质维持着血浆和组织液间的渗透压平衡。如果膳食中长期缺乏蛋白质，血浆中的蛋白质含量下降，导致血浆胶体渗透压下降，血液中的水分便过多地渗透到周围组织，出现营养性水肿。

蛋白质作为食品的主要成分，提供必需氨基酸，对食品的色、香、味及质构等具有重要意义，一些蛋白质还具有生物活性功能。也可利用一些蛋白质的物理化学功能将其应用到食品加工中。见表 3-1。

表 3-1　蛋白质在食品体系中的功能及应用

蛋白质种类	功能	应用食品
乳清蛋白	溶解性	饮料
明胶	黏度	汤、肉汁、色拉调料和甜食
肉类蛋白质、鸡蛋蛋白质	水结合	肉、香肠、蛋糕和面包
肉类蛋白质、鸡蛋蛋白质和乳蛋白质	凝胶作用	肉、凝胶、蛋糕、焙烤食品和奶酪
肉类蛋白质、鸡蛋蛋白质和乳清蛋白质	黏结-黏合	肉、香肠、面条和焙烤食品
肉类蛋白质和谷物蛋白质	弹性	肉和焙烤食品
肉类蛋白质、鸡蛋蛋白质和乳蛋白质	乳化	香肠、大红肠、汤、蛋糕和调味料
鸡蛋蛋白质和乳蛋白质	起泡	搅打起泡的浇头、冰淇淋、蛋糕和甜食
乳蛋白质、鸡蛋蛋白质和谷物蛋白质	脂肪和风味物的结合	低脂焙烤食品和油炸面包圈

3.3　西藏青稞蛋白质含量

3.3.1　蛋白质检测方法

蛋白质的测定分析，现在广泛采用凯氏定氮法、分光光度法以及燃烧法。其中凯氏定氮法的原理是食品中的蛋白质在催化加热条件下被分解，产生的氨与硫酸结合生成硫酸铵。碱化蒸馏使氨游离，用硼酸吸收后以硫酸或盐酸标准滴定溶液滴定，根据酸的消耗量计算氮含量，再乘以换算系数，可计算出蛋白质的含量。分光光度法的原理是食品中的蛋白质在催化加热条件下被分解，分解产生的氨与硫酸结合生成硫酸铵，在 pH 4.8 的乙酸钠-乙酸缓冲溶液中与乙酰丙酮和甲醛反应生成黄色的 3，5-二乙酰-2，6-二甲基-1，4-二氢化吡啶化合物，在波长 400 nm 下测定吸光度值，与标准系列比较定量，结果乘以换算系数，即为蛋白质含量。燃烧法的原理是试样在 900~1 200℃高温下燃烧，燃烧过程中产生混合气体，其中的含碳、含硫等干扰气体和盐类被吸收管吸收，氮氧化物被全部还原成氮气，形成的氮气气流通过热导检测器（TCD）进行检测。

参考标准有 GB 5009.5—2016《食品安全国家标准 食品中蛋白质的测定》。

3.3.2 青稞品种、产地及来源

本研究经过 2014 年、2015 年、2021 年、2023 年，选取西藏自治区拉萨市、山南市、日喀则市、昌都市、林芝市、阿里地区 6 个地市主产县（市、区）9 个青稞品种，共计 505 份样品进行青稞蛋白质含量分析。其中，拉萨市 116 份、山南市 91 份、日喀则市 123 份、林芝市 67 份、昌都市 86 份、阿里地区 22 份；品种包括藏青 2000、喜马拉 22、黑青稞、冬青 18、蓝青稞、藏青 3000、藏青 320、紫青稞、藏青 17。

本研究采用 GB 5009.5—2016《食品安全国家标准 食品中蛋白质的测定》中的第一法（凯氏定氮法）和第三法（燃烧法）测定青稞蛋白质含量。

3.3.3 各地市青稞蛋白质含量

西藏自治区拉萨市、日喀则市、山南市、林芝市、昌都市、阿里地区 6 个地市 505 份青稞蛋白质含量范围为 6.44~18.44 g/100 g，平均含量为 11.50 g/100 g。详见表 3-2。

表 3-2 各地市青稞蛋白质含量 单位：g/100 g

地市	样品数量	均值	极小值	极大值
拉萨市	116 份	12.12±2.14	6.88	18.44
日喀则市	123 份	11.68±1.98	6.44	18.31
山南市	91 份	11.75±2.09	8.13	17.27
林芝市	67 份	10.18±1.99	7.09	15.88
昌都市	86 份	11.32±1.94	7.35	16.36
阿里地区	22 份	10.83±0.97	8.86	12.68
合计	505 份	11.50±2.08	6.44	18.44

如表 3-2 所示，比较西藏不同产区青稞蛋白质含量，产自拉萨市的青稞蛋白质含量范围为 6.88~18.44 g/100 g，平均含量为 12.12 g/100 g；产自日喀则市的青稞蛋白质含量范围为 6.44~18.31 g/100 g，平均含量为 11.68 g/100 g；产自山南市的青稞蛋白质含量范围为 8.13 ~ 17.27 g/100 g，平均含量为 11.75 g/100 g；产自林芝市的青稞蛋白质含量范围为 7.09~15.88 g/100 g，平均含量为 10.18 g/100 g；产自昌都市的青稞蛋白质含量范围为 7.35~16.36 g/100 g，平均含量为 11.32 g/100 g；产自阿里地区的青稞品种蛋白质含量范围为 8.86~12.68 g/100 g，平均含量为 10.83 g/100 g。各地市青稞蛋白质平均含量由高到低顺序为：拉萨（12.12 g/100 g）>山南（11.75 g/100 g）>日喀则（11.68 g/100 g）>昌都（11.32 g/100 g）>阿里（10.83 g/100 g）>林芝（10.18 g/100 g）。

3.3.4 各地市所辖县（市、区）青稞蛋白质含量

拉萨市达孜区、林周县、尼木县、曲水县及墨竹工卡县 5 个县（区）116 份青稞蛋白质含量情况，见表 3-3。

表 3-3 拉萨市各县（区）青稞蛋白质含量 单位：g/100 g

县（区）	样品数量	均值	极小值	极大值
达孜区	17 份	12.81±2.68	9.69	18.44
林周县	34 份	11.88±2.01	7.69	17.84
尼木县	8 份	12.92±0.93	10.99	14.19
曲水县	28 份	13.21±2.07	9.47	17.69
墨竹工卡县	29 份	10.72±1.39	6.88	13.59
合计	116 份	12.12±2.14	6.88	18.44

如表 3-3 所示，拉萨市各县（区）青稞蛋白质含量由高到低顺序为：曲水县（13.21 g/100 g）>尼木县（12.92 g/100 g）>达孜区（12.81 g/100 g）>林周县（11.88 g/100 g）>墨竹工卡县（10.72 g/100 g）。

日喀则市桑珠孜区、江孜县、白朗县、康马县 4 个县（区）123 份青稞蛋白质含量情况，见表 3-4。

表 3-4 日喀则市各县（区）青稞蛋白质含量 单位：g/100 g

县（区）	样品数量	均值	极小值	极大值
桑珠孜区	19 份	12.16±2.10	9.51	16.50
江孜县	46 份	11.05±1.91	6.44	18.31
白朗县	39 份	12.24±1.72	9.26	16.78
康马县	19 份	11.57±2.21	9.08	16.62
合计	123 份	11.68±1.98	6.44	18.31

如表 3-4 所示，日喀则市各县（区）青稞蛋白质含量由高到低顺序为：白朗县（12.24 g/100 g）>桑珠孜区（12.16 g/100 g）>康马县（11.57 g/100 g）>江孜县（11.05 g/100 g）。

山南市乃东区、扎囊县、贡嘎县、桑日县和隆子县 5 个县（区）91 份青稞蛋白质含量情况，见表 3-5。

表 3-5 山南市各县（区）青稞蛋白质含量 单位：g/100 g

县（区）	样品数量	均值	极小值	极大值
乃东区	15 份	13.00±1.86	9.76	16.20
扎囊县	19 份	13.02±2.04	10.36	17.10
贡嘎县	40 份	11.20±2.04	8.13	17.27
桑日县	11 份	10.49±1.09	8.66	12.35
隆子县	6 份	10.53±0.66	9.80	11.48
合计	91 份	11.75±2.09	8.13	17.27

如表 3-5 所示，山南各县（区）青稞蛋白质含量由高到低顺序为：扎囊县（13.02 g/100 g）>乃东区（13.00 g/100 g）>贡嘎县（11.20 g/100 g）>隆子县（10.53 g/100 g）>桑日县（10.49 g/100 g）。

林芝市巴宜区、工布江达县、米林县（米林市）、朗县 4 个县（市、区）67 份青稞蛋白质含量情况，见表 3-6。

表 3-6 林芝市各县（市、区）青稞蛋白质含量 单位：g/100 g

县（市、区）	样品数量	均值	极小值	极大值
巴宜区	12 份	9.24±1.34	7.69	11.40

（续表）

县（市、区）	样品数量	均值	极小值	极大值
工布江达县	29 份	11. 11±2. 06	7. 29	15. 88
米林县（米林市）	11 份	9. 33±1. 88	7. 09	12. 98
朗县	15 份	9. 76±1. 71	7. 80	13. 29
合计	67 份	10. 18±1. 99	7. 09	15. 88

如表 3-6 所示，林芝市各县（市、区）青稞蛋白质含量由高到低顺序为：工布江达县（11. 11 g/100 g）>朗县（9. 76 g/100 g）>米林县（米林市）（9. 33 g/100 g）>巴宜区（9. 24 g/100 g）。

昌都市卡若区、左贡县、察雅县、芒康县、洛隆县、边坝县 6 个县（区）86 份青稞蛋白质含量情况，见表 3-7。

表 3-7　昌都市各县（区）青稞蛋白质含量　　单位：g/100 g

县（区）	样品数量	均值	极小值	极大值
卡若区	11 份	12. 31±2. 11	9. 96	15. 91
左贡县	25 份	10. 36±1. 04	7. 52	12. 19
察雅县	12 份	13. 02±1. 95	8. 78	15. 29
芒康县	12 份	11. 80±1. 80	9. 58	14. 95
洛隆县	17 份	10. 82±2. 25	7. 35	16. 36
边坝县	9 份	10. 85±1. 32	8. 91	12. 84
合计	86 份	11. 32±1. 94	7. 35	16. 36

如表 3-7 所示，昌都市各县（区）青稞蛋白质含量由高到低顺序为：察雅县（13. 02 g/100 g）>卡若区（12. 31 g/100 g）>芒康县（11. 80 g/100 g）>边坝县（10. 85 g/100 g）>洛隆县（10. 82 g/100 g）>左贡县（10. 36 g/100 g）。

阿里地区普兰县、札达县 2 个县 22 份青稞蛋白质含量情况，见表 3-8。

表 3-8 阿里地区青稞蛋白质含量 单位：g/100 g

县（区）	样品数量	均值	极小值	极大值
普兰县	8 份	10.10±0.87	8.86	11.17
札达县	14 份	11.24±0.77	9.91	12.68
合计	22 份	10.83±0.97	8.86	12.68

如表 3-8 所示，阿里地区各县青稞蛋白质含量由高到低顺序为：札达县（11.24 g/100 g）>普兰县（10.10 g/100 g）。

3.3.5 不同品种青稞蛋白质含量

西藏不同品种 483 份青稞蛋白质含量情况，详见表 3-9。

表 3-9 不同品种青稞蛋白质含量 单位：g/100 g

品种	样品数量	均值	极小值	极大值
藏青 2000	250 份	12.10±2.20	6.88	18.44
喜马拉 22	71 份	10.87±1.34	6.44	14.76
黑青稞	40 份	11.69±1.96	8.78	16.62
冬青 18	34 份	9.22±1.40	7.09	12.98
蓝青稞	30 份	10.31±1.43	7.35	15.05
藏青 3000	20 份	12.64±1.74	9.56	15.93
藏青 320	13 份	10.73±1.11	9.08	13.14
紫青稞	13 份	10.16±3.07	6.51	15.91
藏青 17	12 份	11.12±0.23	10.79	11.56
合计	483 份	11.08±1.43	6.44	18.44

如表 3-9 所示，分析不同品种青稞蛋白质含量得出，藏青 3000（12.64 g/100 g）>藏青 2000（12.10 g/100 g）>黑青稞（11.69 g/100 g）>藏青 17（11.12 g/100 g）>喜马拉 22（10.87 g/100 g）>藏青 320（10.73 g/100 g）>蓝青稞（10.31 g/100 g）>冬青 18（9.22 g/100 g）。

藏青 2000 在拉萨市、日喀则市、山南市、林芝市、昌都市、阿里地区 250 份青稞蛋白质含量情况，见表 3-10。

表 3-10　不同地市藏青 2000 蛋白质含量　单位：g/100 g

地市名称	样品数量	均值	极小值	极大值
拉萨市	83 份	12. 61±2. 28	6. 88	18. 44
日喀则市	43 份	12. 18±2. 07	9. 26	18. 31
山南市	42 份	12. 81±2. 28	8. 63	17. 27
林芝市	30 份	11. 00±2. 11	7. 29	15. 88
昌都市	30 份	11. 60±1. 95	7. 52	15. 91
阿里地区	22 份	10. 83±0. 96	8. 86	12. 68
合计	250 份	12. 10±2. 20	6. 88	18. 84

如表 3-10 所示，藏青 2000 在各地市蛋白质含量由高到低顺序为：山南市（12. 81 g/100 g）>拉萨市（12. 61 g/100 g）>日喀则市（12. 18 g/100 g）>昌都市（11. 60 g/100 g）>林芝市（11. 00 g/100 g）>阿里地区（10. 83 g/100 g）。

喜马拉 22 在拉萨市、日喀则市、山南市、林芝市、昌都市的 71 份青稞蛋白质含量情况，见表 3-11。

表 3-11　不同地市喜马拉 22 蛋白质含量　单位：g/100 g

地市	样品数量	均值	极小值	极大值
拉萨市	28 份	10. 80±1. 02	8. 91	13. 50
日喀则市	18 份	11. 27±1. 78	6. 44	14. 76
山南市	8 份	11. 35±1. 06	9. 86	13. 17
林芝市	3 份	10. 03±2. 03	7. 69	11. 37
昌都市	14 份	10. 42±1. 15	8. 71	12. 85
合计	71 份	10. 87±1. 34	6. 44	14. 76

如表 3-11 所示，喜马拉 22 在各地市蛋白质含量由高到低顺序为：山南市（11. 35 g/100 g）>日喀则市（11. 27 g/100 g）>拉萨市（10. 80 g/100 g）>昌都市（10. 42 g/100 g）>林芝市（10. 03 g/100 g）。

黑青稞在拉萨市、日喀则市、山南市、林芝市、昌都市的 40 份青稞蛋白质含量情况，见表 3-12。

表 3-12 不同地市黑青稞蛋白质含量 单位：g/100 g

地市	样品数量	均值	极小值	极大值
拉萨市	3 份	10. 80±0. 30	10. 58	11. 14
日喀则市	8 份	10. 68±2. 47	9. 21	16. 62
山南市	10 份	10. 76±1. 35	9. 40	14. 04
林芝市	3 份	12. 54±0. 69	11. 93	13. 29
昌都市	16 份	12. 77±1. 83	8. 78	15. 29
合计	40 份	11. 69±1. 96	8. 78	16. 62

如表 3-12 所示，黑青稞在各地市蛋白质含量由高到低顺序为：昌都市（12. 77 g/100 g）>林芝市（12. 54 g/100 g）>拉萨市（10. 80 g/100 g）>山南市（10. 76 g/100 g）>日喀则市（10. 68 g/100 g）。

冬青 18 在山南市、林芝市的 34 份青稞蛋白质含量情况，见表 3-13。

表 3-13 不同地市冬青 18 蛋白质含量 单位：g/100 g

地市	样品数量	均值	极小值	极大值
山南市	6 份	9. 66±1. 52	8. 13	11. 70
林芝市	28 份	9. 12±1. 38	7. 09	12. 98
合计	34 份	9. 22±1. 40	7. 09	12. 98

如表 3-13 所示，冬青 18 在各地市蛋白质含量由高到低顺序为：山南市（9. 66 g/100 g）>林芝市（9. 12 g/100 g）。

蓝青稞在日喀则市、山南市、昌都市的 30 份青稞蛋白质含量情况，见表 3-14。

表 3-14 不同地市蓝青稞蛋白质含量 单位：g/100 g

地市	样品数量	均值	极小值	极大值
日喀则市	10 份	10. 98±2. 01	7. 59	15. 05
山南市	8 份	10. 15±0. 76	9. 11	11. 30
昌都市	12 份	9. 87±1. 12	7. 35	10. 84
合计	30 份	10. 31±1. 43	7. 35	15. 05

如表 3-14 所示，蓝青稞在各地市蛋白质含量由高到低顺序为：日喀则市（10.98 g/100 g）>山南市（10.15 g/100 g）>昌都市（9.87 g/100 g）。

藏青 3000 在拉萨市、日喀则市、山南市、昌都市的 20 份青稞蛋白质含量情况，见表 3-15。

表 3-15　不同地市藏青 3000 蛋白质含量　　单位：g/100 g

地市	样品数量	均值	极小值	极大值
拉萨市	1 份	11.97		
日喀则市	11 份	13.76±1.41	11.10	15.93
山南市	7 份	11.20±1.05	9.56	12.97
昌都市	1 份	11.04		
合计	20 份	12.64±1.74	9.56	15.93

如表 3-15 所示，藏青 3000 在各地市蛋白质含量由高到低顺序为：日喀则市（13.76 g/100 g）>拉萨市（11.97 g/100 g）>山南市（11.20 g/100 g）>昌都市（11.04 g/100 g）。

藏青 320 在山南市、日喀则市 13 份青稞蛋白质含量情况，见表 3-16。

表 3-16　不同地市藏青 320 蛋白质含量　　单位：g/100 g

地市	样品数量	均值	极小值	极大值
山南市	1 份	10.73		
日喀则市	12 份	10.79±1.16	9.08	13.14
合计	13 份	10.73±1.11	9.08	13.14

如表 3-16 所示，藏青 320 在各地市蛋白质含量由高到低顺序为：日喀则市（10.79 g/100 g）>山南市（10.73 g/100 g）。

紫青稞在拉萨市、山南市、昌都市、阿里地区的 13 份青稞蛋白质含量情况，见表 3-17。

表 3-17 不同地市紫青稞蛋白质含量 单位：g/100 g

地市	样品数量	均值	极小值	极大值
拉萨市	5 份	9. 80±3. 10	6. 51	14. 85
山南市	1 份	7. 96		
昌都市	2 份	15. 08±1. 18	14. 25	15. 91
阿里地区	5 份	9. 00±1. 77	6. 98	11. 05
合计	13 份	10. 16±3. 07	6. 51	15. 91

如表 3-17 所示，紫青稞在各地市蛋白质含量由高到低顺序为：昌都市（15. 08 g/100 g）>拉萨市（9. 80 g/100 g）>阿里地区（9. 00 g/100 g）>山南市（7. 96 g/100 g）。

藏青 17 在日喀则市的 12 份青稞蛋白质含量情况，见表 3-18。

表 3-18 日喀则藏青 17 蛋白质含量 单位：g/100 g

地市	样品数量	均值	极小值	极大值
日喀则市	12 份	11. 12±0. 23	10. 79	11. 56

如表 3-18 所示，藏青 17 在日喀则市蛋白质含量范围为 10. 79~11. 56 g/100 g；平均含量为 11. 12 g/100 g。

参考文献

巨苗苗，费希同，林源，等，2014. 不同种源大麦籽粒功能成分及蛋白质含量变异分析［J］. 安徽农学通报（17）：39-40.

李健，2019. 青稞蛋白质含量的研究进展［J/OL］. 南方农业，13（35）：124-125. DOI：10. 19415/j. cnki. 1673-890x. 2019. 35. 062.

李涛，2010. 青稞蛋白质的提取及其特性研究［D］. 郑州：河南工业大学.

刘立品，2015. 青稞蛋白质结构与功能特性的研究［D］. 杨凌：西北农林科技大学.

刘新红，2014. 青稞品质特性评价及加工适宜性研究［D］. 西宁：青海大学.

武菁菁，李鑫磊，张艺，等，2013. 青稞蛋白质凝胶特性的研究［J/

OL]. 食品工业科技, 34 (16): 131 - 135. DOI: 10.13386/j.issn1002-0306.2013.16.027.
臧靖巍, 2005. 青稞淀粉和蛋白质的化学组成及其工艺性质研究 [D]. 重庆: 西南农业大学.

4 青稞氨基酸

4.1 氨基酸

氨基酸（amino acid）是羧酸分子中烃基上的氢原子被氨基取代而形成的一类有机化合物。根据氨基连接在羧酸中碳原子的位置，可分为 α、β、γ、δ 等氨基酸，参与构成蛋白质的常见 20 种氨基酸中除脯氨酸外均为 α-氨基酸。除甘氨酸外，所有 α-氨基酸的 α-碳原子都是手性碳原子，具有旋光活性，其构型几乎全部都是 L 型。从结构上看，各种氨基酸的区别在于侧链 R 基的不同，根据 R 基的构成和性质，氨基酸可分为：极性氨基酸、非极性氨基酸；酸性氨基酸、碱性氨基酸；脂肪族氨基酸、芳香族氨基酸、杂环氨基酸、支链氨基酸等。氨基酸可以按照系统命名法，以羧酸为母体、氨基为取代基来命名，但 α-氨基酸通常使用按其来源或性质所得的俗称，例如氨基乙酸，因其具有甜味，故名为甘氨酸。

氨基酸依据营养学分类为必需氨基酸和非必需氨基酸。必需氨基酸（essential amino acid，EAA）指的是人体自身不能合成或合成速度不能满足机体需要，必须由食物供给的氨基酸。必需氨基酸必须从食物中直接摄取，否则就不能维持机体的氮平衡，进而影响健康。成人必需氨基酸共有 8 种：赖氨酸、色氨酸、苯丙氨酸、甲硫氨酸、苏氨酸、异亮氨酸、亮氨酸、缬氨酸。对婴幼儿来说，由于肝脏内缺乏相关转化酶等原因，组氨酸、牛磺酸等也是必需氨基酸。非必需氨基酸（nonessential amino acid，NAA）是指人体自身可以在体内由其他营养物质合成或以其他氨基酸为原料而形成的氨基酸，不一定非从食物摄取不可的氨基酸，包括谷氨酸、丙氨酸、甘氨酸、天冬氨酸、半胱氨酸、天冬酰胺、谷氨酰胺、脯氨酸、丝氨酸和酪氨酸等。其中，半胱氨酸和酪氨酸在机体内分别可由甲硫氨酸和苯丙氨酸转变而成，不完全依赖食物供应，当膳食中半胱氨酸和酪氨酸不足时，机体需消耗体内甲硫氨酸和苯丙氨酸来合成，加大这两种必需氨基酸摄入的需求，因此，半胱氨酸和酪氨酸又被称为半必需氨基酸（semiessential amino acid）。在计算食物必需氨基酸组成时，往往将甲硫氨酸和半胱氨酸、苯丙氨酸和酪氨酸分别合并计算。

机体在蛋白质的代谢过程中，既需要代谢必需氨基酸，也需要代谢非必需氨基酸。食物中蛋白质营养价值，主要取决于其所含必需氨基酸的种类、含量及其比例是否与人体所需相近程度。当食物蛋白质的氨基酸模式与人体蛋白质越接近，必需氨基酸被机体利用的程度越高，其营养价值也相对越高。营养学上广泛采用氨基酸评分（amino acid score，AAS）来评价其接近程度。氨基酸评分也称蛋白质化学评分（chemical score），指食物蛋白质中的必需氨基酸和理想模式或参考蛋白（reference protein）中相应的必需氨基酸的比值。鸡蛋蛋白质与人体蛋白质氨基酸模式最接近，在实验中常把它作为参考蛋白，理想氨基酸模式采用 FAO 的模式。氨基酸评分相对较低的必需氨基酸为限制性氨基酸（limiting amino acid），评分最低的必需氨基酸为第一限制性氨基酸。通常赖氨酸是谷物类蛋白质的第一限制氨基酸，而甲硫氨酸则是大多数非谷物类植物蛋白质的第一限制氨基酸。20 种组成人体蛋白质的氨基酸的分类、名称和缩写见表 4-1。

表 4-1　20 种组成人体蛋白质的氨基酸的名称和缩写

	中文名称	英文名称	缩写	单字母缩写
必需氨基酸	组氨酸 *	histidine	His	H
	异亮氨酸	isoleucine	Ile	I
	亮氨酸	leucine	Leu	L
	赖氨酸	lysine	Lys	K
	甲硫氨酸	methionine	Met	M
	苯丙氨酸	phenylalanine	Phe	F
	苏氨酸	threonine	Thr	T
	缬氨酸	valine	Val	V
	色氨酸	tryptophan	Trp	W
半必需氨基酸	半胱氨酸	cysteine	Cys	C
	酪氨酸	tyrosine	Tyr	Y

（续表）

	中文名称	英文名称	缩写	单字母缩写
非必需氨基酸	丙氨酸	alanine	Ala	A
	精氨酸	arginine	Arg	R
	天冬氨酸	aspartic acid	Asp	D
	谷氨酰胺	glutamine	Gln	Q
	谷氨酸	glutamic acid	Glu	E
	甘氨酸	glycine	Gly	G
	天冬酰胺	asparagine	Asn	N
	脯氨酸	proline	Pro	P
	丝氨酸	serine	Ser	S

注：* 为婴幼儿必需氨基酸。

4.2 氨基酸的营养作用

氨基酸是蛋白质的组成成分，在人体营养和生理上占有重要地位，人们对蛋白质的需求实际上就是对氨基酸的需要。人们每天从食物中摄取的蛋白质，在胃肠道中经过多种消化酶的作用，分解为低分子的多肽或氨基酸后被小肠吸收，随血液输送到各个组织器官，合成各种特异性的组织蛋白质。氨基酸除参与组织蛋白质的合成外，也直接参与各种生理活动和激素的合成。如在脑组织中由 *L*-谷氨酸脱羧生成的 γ-氨基丁酸，是重要的神经递质；由组氨酸脱羧生成的组胺，有降低血压的作用；等等。氨基酸是维持人体正常代谢功能的一种非常重要的营养物质，人体缺乏任何一种必需氨基酸，都可导致生理功能异常，影响机体正常代谢。即使某些非必需氨基酸的缺乏，也会导致机体代谢障碍，如胱氨酸摄入不足就会引起胰岛素减少，使血糖升高等。

4.3 青稞氨基酸含量

4.3.1 氨基酸检测方法

氨基酸的分析，现在广泛采用茚三酮柱后衍生离子交换色谱法。其原理是利用各种氨基酸的酸碱性、极性和分子量大小等不同性质，利用阳离子交换树脂色谱柱，结合不同 pH 值和离子浓度的缓冲液，将不同氨基酸依次从色谱柱洗脱分离出来。分离洗脱下来的氨基酸与茚三酮发生显色反应，形成在 570nm 或 440nm 光谱处有最大吸收的有色产物，其光的吸收强度与洗脱出来的各氨基酸的浓度（或含量）关系符合比耳定律，可用可见光分光光度检测器测定吸光值，并通过与标准氨基酸做比较来定性和定量。

GB5009. 124—2016《食品安全国家标准 食品中氨基酸的测定》规定了用氨基酸分析仪（茚三酮柱后衍生离子交换色谱仪）测定食品中氨基酸的方法。此方法适用于食品中酸水解氨基酸的测定，包括天冬氨酸、苏氨酸、丝氨酸、谷氨酸、脯氨酸、甘氨酸、丙氨酸、缬氨酸、蛋氨酸、异亮氨酸、亮氨酸、酪氨酸、苯丙氨酸、组氨酸、赖氨酸和精氨酸共 16 种氨基酸。

4.3.2 青稞氨基酸含量分析

表 4-2 中青稞氨基酸数据由参考文献整理而来。文献中样品来源信息不全，未能按地域和品种进行分类统计。

表 4-2 青稞氨基酸含量 单位：g/100 g

氨基酸名称	英文缩写	样品数量	均值	极小值	极大值
异亮氨酸	Ile	30 份	0. 37±0. 12	0. 11	0. 69
亮氨酸	Leu	28 份	0. 72±0. 25	0. 23	1. 45
赖氨酸	Lys	25 份	0. 38±0. 09	0. 18	0. 58
蛋氨酸	Met	28 份	0. 16±0. 13	0. 03	0. 75
苯丙氨酸	Phe	25 份	0. 53±0. 20	0. 15	0. 92

（续表）

氨基酸名称	英文缩写	样品数量	均值	极小值	极大值
苏氨酸	Thr	30 份	0.39±0.18	0.08	1.19
缬氨酸	Val	30 份	0.50±0.16	0.18	0.86
色氨酸	Trp	15 份	0.47±0.56	0.02	1.33
半胱氨酸	Cys	6 份	0.14±0.05	0.04	0.16
酪氨酸	Tyr	25 份	0.25±0.09	0.06	0.40
组氨酸	His	28 份	0.25±0.09	0.12	0.50
天冬氨酸	Asp	26 份	0.62±0.15	0.30	0.97
丙氨酸	Ala	27 份	0.43±0.09	0.20	0.59
甘氨酸	Gly	26 份	0.44±0.13	0.21	0.85
谷氨酸	Glu	26 份	2.83±1.47	0.54	7.48
胱氨酸	Cys-Cys	18 份	0.18±0.07	0.05	0.31
精氨酸	Arg	27 份	0.52±0.15	0.26	1.09
脯氨酸	Pro	27 份	0.97±0.31	0.48	1.58
丝氨酸	Ser	26 份	0.52±0.26	0.16	1.50
必需氨基酸总量	EAA		4.11	1.13	8.64
氨基酸总量	TAA		10.68	3.40	23.20
必需氨基酸占比	E/T/%		38.50	33.20	37.20

参考文献

车富红，冯声宝，李善文，等，2019. 几个青稞主产区不同青稞品种的微量成分差异分析［J］. 酿酒科技（11）：113-118.

陈剑锋，蓝新隆，张秋英，等，2019. 裸大麦新品种‘福米麦 2 号’的选育［J］. 中国农学通报，35（1）：12-16.

陈剑锋，蓝新隆，张秋英，等，2019. 裸大麦新品种——福米麦 1 号［J］. 大麦与谷类科学，36（3）：56-59.

洪佳敏，林宝妹，张帅，等，2019. 6 种杂粮营养成分分析及评价［J］. 食品安全质量检测学报，10（18）：6254-6260.

靳玉龙，白婷，朱明霞，等，2019. 利用因子分析综合评价 9 个西藏农家青稞品种的品质［J］. 作物杂志（4）：55-60.
梁寒峭，李金霞，陈建国，等，2016. 黑青稞营养成分的检测与分析［J］. 食品与发酵工业，42（1）：180-182，188.
林津，洛桑仁青，周陶鸿，等，2016. 西藏山南隆子县黑青稞与白青稞的营养成分及生理活性物质的比较分析［J］. 食品科技，41（10）：88-92.
任又成，吴昆仑，姚晓华，等，2014. 高产优质青稞新品种昆仑 15 号的选育及其特征特性［J］. 麦类作物学报，34（8）：1161.
拾方坚，1992. 中国栽培裸大麦的品种特性及其应用价值［J］. 麦类作物学报（3）：41-43.
孙远明，余群力，2002. 食品营养学［M］. 北京：中国农业大学出版社.
王婧，李小平，刘柳，等，2019. 燕麦等五种谷物的氨基酸含量综合评价［J］. 麦类作物学报，39（4）：438-445.
杨月欣，中国疾病预防控制中心营养与健康所，2018. 中国食物成分表：标准版：第 6 版：第一册［M］. 北京：北京大学医学出版社.
游茂蓝，邓婧，覃小丽，等，2019. β-葡聚糖对传统青稞酒发酵的影响［J］. 食品与发酵工业，45（10）：149-154.
扎桑拉姆，2006. 浅析青稞原料主要营养成分与青稞产业的发展［J］. 西藏科技（10）：6-7，55.
张端莉，桂余，方国珊，等，2014. 大麦在发芽过程中营养物质的变化及其营养评价［J］. 食品科学，35（1）：229-233.
张璐，蒲彪，陈安均，等，2013. 阿坝大骨节病病区青稞中蛋白质营养价值评价［J］. 食品科学，34（23）：296-299.
张守文，2005. 黑麦（裸麦）粉的营养保健功能及其开发应用［J］. 粮食与食品工业（1）：9-11，14.
中国饲料数据库，1991. 常用饲料成分及营养价值表 中国饲料数据库 1991 二版［J］. 中国饲料（6）：38-41.

5 青稞脂肪

5.1 脂肪

脂肪是类脂的一部分，也叫油脂，天然油脂是各种酰基甘油的混合物，主要成分是甘油和各种脂肪酸形成的甘油三酯。包括单纯甘油三酯和结合甘油三酯。

按常温下的形态，分为脂肪和油；按来源，分为植物油脂、动物油脂、微生物油脂；按碘值的不同，分为不干性油脂、半干性油脂和干性油脂；按脂肪酸的类型，分为乳脂类、月桂酸类、植物脂类、陆地动物脂类、油酸-亚油酸类、芥酸类、亚麻酸类、共轭油脂类、海产动物油类、羟基酸类、单细胞油脂等。

5.2 脂肪的营养作用

脂肪是人体必需的产热营养素，脂肪还是脂溶性维生素和固醇等其他代谢必需物质的重要载体。与蛋白质、纤维、矿物质等一样，脂肪是必不可少的营养素，必须在饮食中保持平衡。脂肪在机体中的基本营养作用如下。

①供给和储存能量。1 g 脂肪的生理能值为 37.7 kJ（9 kcal），当摄入脂肪过多，机体不能及时利用时，脂肪储藏起来可作为机体的“能源库”。脂肪细胞具有很强的弹性，储藏脂肪无上限。

②供给必需脂肪酸。人体所需的必需脂肪酸是靠食物脂肪提供的。脂肪主要用于磷脂的合成，这是所有细胞结构的重要组成部分。长期缺乏脂肪的摄入很容易造成必需脂肪酸的缺乏。

③增加饱腹感。脂肪会刺激十二指肠产生肠抑胃素，增加食物在胃中停留时间，如若脂肪所提供的能量能够满足机体的需要，机体所需蛋白质就可以被节约下来，发挥它更为重要的生理功能。

④促进脂溶性维生素吸收。维生素 A、维生素 E、维生素 K 等维生素是通过与脂肪发生反应，而被机体所吸收的，如果缺少脂肪，易引起维生素的吸收障碍。

⑤脂肪是健康膳食中必不可少的一部分，脂肪也是食物重要的风味前体物质，它们代谢和降解生成的小分子物质赋予食物各自独特的风味特征，有助于提高食物的口感和质地，比如牛油果酱的顺滑感和牛角面包的酥香感。

5.3 西藏青稞脂肪含量

5.3.1 脂肪检测方法

青稞脂肪的测定主要有索氏提取法、酸水解法、碱水解法、盖勃法等，其中索氏提取法的原理是脂肪易溶于有机溶剂。试样直接用无水乙醚或石油醚等溶剂抽提后，蒸发除去溶剂，干燥，得到游离态脂肪的含量。酸水解法的原理是用强酸使食品中的结合态脂肪游离出来，游离出的脂肪易溶于有机溶剂。试样经盐酸水解后用无水乙醚或石油醚提取，除去溶剂即得游离态和结合态脂肪的总含量。碱水解法的原理是用无水乙醚和石油醚抽提样品的碱（氨水）水解液，通过蒸馏或蒸发去除溶剂，测定溶于溶剂中的抽提物的质量。

参考标准有 GB 5009.6—2016《食品安全国家标准 食品中脂肪的测定》、GB/T 6433—2006《饲料中粗脂肪的测定》等。

5.3.2 青稞品种、产地及来源

本研究经过 2014 年、2021 年、2023 年，选取西藏自治区拉萨市、山南市、日喀则市、昌都市、林芝市、阿里地区 6 个地市主要县（市、区）17 个青稞品种，共计 424 份样品进行青稞粗脂肪含量分析。其中，拉萨市 100 份、山南市 79 份、日喀则市 102 份、林芝市 51 份、昌都市 83

份、阿里地区 9 份；品种包括藏青 2000、喜马拉 22、蓝青稞、冬青 18、藏青 320、黑青稞、藏青 3000、察雅黑青稞、藏青 17、喜马拉 19、喜马拉 23、紫青稞、山青 9 号、果洛、六棱黑青稞、四棱黑青稞、丁青小蓝青稞。

本研究采用 GB 5009.6—2016《食品安全国家标准 食品中脂肪的测定》第一法（索氏抽提法）测定青稞粗脂肪含量。

5.3.3 各地市青稞粗脂肪含量

西藏自治区拉萨市、日喀则市、山南市、林芝市、昌都市、阿里地区 6 个地市 424 份青稞粗脂肪含量范围为 0.71～4.85 g/100 g，平均含量为 1.61 g/100 g。详见表 5-1。

表 5-1 各地市青稞粗脂肪含量 单位：g/100 g

地市	样品数量	均值	极小值	极大值
拉萨市	100 份	1.69±0.47	0.77	2.88
日喀则市	102 份	1.57±0.42	0.78	4.85
山南市	79 份	1.57±0.42	0.24	2.37
林芝市	51 份	1.54±0.41	0.99	2.32
昌都市	83 份	1.60±0.46	0.82	2.66
阿里地区	9 份	2.16±0.10	1.60	3.02
合计	424 份	1.61±0.47	0.71	4.85

如表 5-1 所示，比较西藏不同产区青稞粗脂肪含量，产自拉萨市的青稞粗脂肪含量范围为 0.77～2.88 g/100 g，平均含量为 1.69 g/100 g；产自山南市的青稞粗脂肪含量范围为 0.24～2.37 g/100 g，平均含量为 1.57 g/100 g；产自日喀则市的青稞脂肪含量范围为 0.78～4.85 g/100 g，平均含量为 1.57 g/100 g；产自林芝市的青稞粗脂肪含量范围为 0.99～2.32 g/100 g，平均含量为 1.54 g/100 g；产自昌都市的青稞粗脂肪含量范围为 0.82～2.66 g/100 g，平均含量为 1.60 g/100 g；产自阿里地区的青稞粗脂肪含量范围为 1.60～3.02 g/100 g，平均含量为 2.16 g/100 g。各地市青稞粗脂肪平均含量由高到低顺序为：阿里地区（2.16 g/100 g）>拉萨市（1.69 g/100 g）>昌都市（1.60 g/100 g）>山南市

和日喀则市（1.57 g/100 g）>林芝市（1.54 g/100 g）。

5.3.4 各地市所辖县（市、区）青稞粗脂肪含量

拉萨市达孜区、堆龙德庆区、林周县、尼木县、曲水县、墨竹工卡县6个县（区）100份青稞粗脂肪含量情况，见表5-2。

表5-2 拉萨市各县（区）青稞脂肪含量 单位：g/100 g

县（区）	样品数量	均值	极小值	极大值
达孜区	19份	1.49±0.51	0.77	2.67
堆龙德庆区	4份	2.34±0.49	1.74	2.88
林周县	22份	1.57±0.40	0.99	2.53
尼木县	11份	1.93±0.32	1.58	2.65
曲水县	12份	1.89±0.48	1.16	2.54
墨竹工卡县	32份	1.65±0.43	1.09	2.57
合计	100份	1.69±0.47	0.77	2.88

如表5-2所示，拉萨市各县（区）青稞粗脂肪含量由高到低顺序为：堆龙德庆区（2.34 g/100 g）>尼木县（1.93 g/100 g）>曲水县（1.89 g/100 g）>墨竹工卡县（1.65 g/100 g）>林周县（1.57 g/100 g）>达孜区（1.49 g/100 g）。

日喀则市桑珠孜区、江孜县、白朗县、康马县、吉隆县5个县（区）102份青稞粗脂肪含量情况，见表5-3。

表5-3 日喀则市各县（区）青稞粗脂肪含量 单位：g/100 g

县（区）	样品数量	均值	极小值	极大值
桑珠孜区	12份	1.17±0.31	0.78	1.62
江孜县	39份	1.52±0.40	0.95	2.25
白朗县	30份	1.66±0.70	0.92	4.85
康马县	19份	1.60±0.48	1.01	2.31
吉隆县	2份	1.76±0.41	1.38	2.13
合计	102份	1.57±0.42	0.78	4.85

如表 5-3 所示，日喀则市各县（区）青稞粗脂肪含量由高到低顺序为：吉隆县（1.76 g/100 g）>白朗县（1.66 g/100 g）>康马县（1.60 g/100 g）>江孜县（1.52 g/100 g）>桑珠孜区（1.17 g/100 g）。

山南市乃东区、扎囊县、贡嘎县、桑日县、隆子县、加查县、琼结县 7 个县（区）79 份青稞粗脂肪含量情况，见表 5-4。

表 5-4 山南市各县（区）青稞粗脂肪含量 单位：g/100 g

县（区）	样品数量	均值	极小值	极大值
乃东区	7 份	1.90±0.34	0.34	1.31
扎囊县	14 份	1.46±0.41	0.41	1.00
贡嘎县	36 份	1.50±0.43	0.43	0.71
桑日县	11 份	1.45±0.24	0.24	1.24
隆子县	8 份	1.68±0.35	0.35	1.17
加查县	1 份	2.36		
琼结县	2 份	2.22±0.14	2.20	2.37
合计	79 份	1.57±0.42	0.24	2.37

如表 5-4 所示，山南各县（区）青稞粗脂肪含量由高到低顺序为：加查县（2.36 g/100 g）>琼结县（2.22 g/100 g）>乃东区（1.90 g/100 g）>隆子县（1.68 g/100 g）>贡嘎县（1.50 g/100 g）>扎囊县（1.46 g/100 g）>桑日县（1.45 g/100 g）。

林芝市巴宜区、工布江达县、米林县（米林市）、朗县 4 个县（市、区）51 份青稞粗脂肪含量情况，见表 5-5。

表 5-5 林芝市各县（市、区）青稞粗脂肪含量 单位：g/100 g

县（市、区）	样品数量	均值	极小值	极大值
巴宜区	15 份	1.59±0.49	0.99	2.32
工布江达县	7 份	1.38±0.43	1.02	1.94
米林县（米林市）	14 份	1.66±0.43	1.11	2.25
朗县	15 份	1.45±0.27	1.00	1.94
合计	51 份	1.54±0.41	0.99	2.32

如表 5-5 所示，林芝市各县（市、区）青稞粗脂肪含量由高到低顺序为：米林县（米林市）（1.66 g/100 g）>巴宜区（1.59 g/100 g）>朗县（1.45 g/100 g）>工布江达县（1.38 g/100 g）。

昌都市卡若区、左贡县、察雅县、芒康县、洛隆县、边坝县、八宿县、贡觉县 8 个县（区）83 份青稞粗脂肪含量情况，见表 5-6。

表 5-6　昌都市各县（区）青稞粗脂肪含量　　单位：g/100 g

县（区）	样品数量	均值	极小值	极大值
卡若区	9 份	1.89±0.25	1.40	2.24
左贡县	29 份	1.52±0.48	0.96	2.66
察雅县	13 份	1.56±0.46	1.01	2.29
芒康县	10 份	1.75±0.43	1.35	2.64
洛隆县	16 份	1.49±0.49	0.82	2.28
边坝县	3 份	1.62±0.59	0.95	2.07
八宿县	2 份	2.09±0.20	1.95	2.23
贡觉县	1 份	1.52		
合计	83 份	1.60±0.46	0.82	2.66

如表 5-6 所示，昌都各县（区）青稞粗脂肪含量由高到低顺序为：八宿县（2.09 g/100 g）>卡若区（1.89 g/100 g）>芒康县（1.75 g/100 g）>边坝县（1.62 g/100 g）>察雅县（1.56 g/100 g）>左贡县（1.52 g/100 g）、贡觉县（1.52 g/100 g）>洛隆县（1.49 g/100 g）。

阿里地区普兰县、札达县 2 个县 9 份青稞粗脂肪含量情况，见表 5-7。

表 5-7　阿里市各县青稞粗脂肪含量　　单位：g/100 g

县（区）	样品数量	均值	极小值	极大值
普兰县	7 份	2.21±0.38	1.60	3.02
札达县	2 份	1.96±0.19	1.84	2.08
合计	9 份	2.16±0.10	1.60	3.02

如表 5-7 所示，阿里地区各县青稞粗脂肪含量由高到低顺序为：普

兰县（2.21 g/100 g）>札达县（1.96 g/100 g）。

5.3.5 不同品种青稞粗脂肪含量

西藏不同品种398份青稞粗脂肪含量情况，见表5-8。

表5-8 不同品种青稞粗脂肪含量 单位：g/100 g

品种	样品数量	均值	极小值	极大值
藏青2000	109份	1.61±0.45	0.71	2.66
喜马拉22	73份	1.48±0.41	0.77	2.51
蓝青稞	36份	1.68±0.46	0.95	2.64
冬青18	34份	1.54±0.41	1.00	2.32
藏青320	30份	1.87±0.48	0.99	2.67
黑青稞	26份	1.70±0.43	1.02	2.54
藏青3000	23份	1.39±0.32	0.96	2.06
察雅黑青稞	13份	1.56±0.46	1.01	2.29
藏青17	12份	1.88±1.01	0.92	4.85
喜马拉19	10份	1.74±0.43	1.10	2.23
喜马拉23	10份	1.11±0.30	0.78	1.62
紫青稞	6份	2.55±0.39	1.94	3.02
山青9号	4份	1.46±0.43	1.08	2.03
果洛	3份	1.85±0.30	1.56	2.15
六棱黑青稞	3份	1.78±0.29	1.52	2.09
四棱黑青稞	3份	1.36±0.24	1.17	1.63
丁青小蓝青稞	3份	1.93±0.46	1.40	2.24
合计	398份	1.61±0.48	0.71	4.85

如表5-8所示，分析不同品种青稞粗脂肪含量得出，紫青稞（2.55 g/100 g）>丁青小蓝青稞（1.93 g/100 g）>藏青17（1.88 g/100 g）>藏青320（1.87 g/100 g）>果洛（1.85 g/100 g）>六棱黑青稞（1.78 g/100 g）>喜马拉19（1.74 g/100 g）>黑青稞（1.70 g/100 g）>蓝青稞（1.68 g/100 g）>藏青2000（1.61 g/100 g）>察雅黑青稞（1.56

g/100 g）>冬青 18（1. 54 g/100 g）>喜马拉 22（1. 48 g/100 g）>山青 9 号（1. 46 g/100 g）>藏青 3000（1. 39 g/100 g）>四棱黑青稞（1. 36 g/100 g）>喜马拉 23（1. 11 g/100 g）。

藏青 2000 在拉萨市、日喀则市、山南市、林芝市、昌都市、阿里地区 109 份青稞粗脂肪含量情况，见表 5-9。

表 5-9　不同地市藏青 2000 粗脂肪含量　单位：g/100 g

地市	样品数量	均值	极小值	极大值
拉萨市	45 份	1. 65±0. 47	0. 96	2. 57
日喀则市	19 份	1. 66±0. 55	1. 02	2. 37
山南市	20 份	1. 51±0. 44	0. 93	2. 37
林芝市	8 份	1. 33±0. 37	1. 02	1. 83
昌都市	16 份	1. 68±0. 47	0. 95	2. 66
阿里地区	1 份	2. 06		
合计	109 份	1. 61±0. 45	0. 71	2. 66

如表 5-9 所示，藏青 2000 在各地市粗脂肪含量由高到低顺序为：阿里地区（2. 06 g/100 g）>昌都市（1. 68 g/100 g）>日喀则市（1. 66 g/100 g）>拉萨市（1. 65 g/100 g）>山南市（1. 51 g/100 g）>林芝市（1. 33 g/100 g）。

喜马拉 22 在拉萨市、日喀则市、山南市、林芝市、昌都市 73 份青稞粗脂肪含量情况，见表 5-10。

表 5-10　不同地市喜马拉 22 粗脂肪含量　单位：g/100 g

地市	样品数量	均值	极小值	极大值
拉萨市	31 份	1. 52±0. 40	0. 77	2. 51
日喀则市	13 份	1. 47±0. 33	1. 01	2. 05
山南市	9 份	1. 57±0. 60	0. 80	2. 44
林芝市	5 份	1. 45±0. 45	0. 99	1. 94
昌都市	15 份	1. 38±0. 41	0. 82	2. 28
合计	73 份	1. 48±0. 41	0. 77	2. 51

如表5-10所示，喜马拉22在各地市粗脂肪含量由高到低顺序为：山南市（1.57 g/100 g）>拉萨市（1.52 g/100 g）>日喀则市（1.47 g/100 g）>林芝市（1.45 g/100 g）>昌都市（1.38 g/100 g）。

蓝青稞在拉萨市、日喀则市、山南市、昌都市、阿里地区36份青稞粗脂肪含量情况，见表5-11。

表5-11 不同地市蓝青稞粗脂肪含量 单位：g/100 g

地市	样品数量	均值	极小值	极大值
拉萨市	3份	1.83±0.24	1.58	2.06
日喀则市	11份	1.52±0.43	0.95	2.13
山南市	8份	1.71±0.37	1.30	2.00
昌都市	11份	1.74±0.40	0.98	2.64
阿里地区	3份	1.86±0.27	1.60	2.13
合计	36份	1.68±0.40	0.95	2.64

如表5-11所示，蓝青稞在各地市粗脂肪含量由高到低顺序为：阿里地区（1.86 g/100 g）>拉萨市（1.83 g/100 g）>昌都市（1.74 g/100 g）>山南市（1.71 g/100 g）>日喀则市（1.52 g/100 g）。

冬青18在山南市、林芝市34份青稞粗脂肪含量情况，见表5-12。

表5-12 不同地市冬青18粗脂肪含量 单位：g/100 g

地市	样品数量	均值	极小值	极大值
山南市	6份	1.32±0.17	1.11	1.58
林芝市	28份	1.59±0.43	1.00	2.32
合计	34份	1.54±0.41	1.00	2.32

如表5-12所示，冬青18在各地市粗脂肪含量由高到低顺序为：林芝市（1.59 g/100 g）>山南市（1.32 g/100 g）。

藏青320在拉萨市、日喀则市、山南市、林芝市、昌都市、阿里地区30份青稞粗脂肪含量情况，见表5-13。

表 5-13　不同地市藏青 320 粗脂肪含量　单位：g/100 g

地市	样品数量	均值	极小值	极大值
拉萨市	7 份	2. 19±0. 39	1. 67	2. 67
日喀则市	12 份	1. 54±0. 55	0. 99	2. 22
山南市	4 份	2. 13±0. 12	1. 97	2. 25
林芝市	1 份	1. 71		
昌都市	4 份	2. 11±0. 32	1. 80	2. 49
阿里地区	2 份	2. 13±0. 02	2. 11	2. 15
合计	30 份	1. 87±0. 48	0. 99	2. 67

如表 5-13 所示，藏青 320 在各地市粗脂肪含量由高到低顺序为：拉萨市（2. 19 g/100 g）>山南市、阿里地区（2. 13 g/100 g）>昌都市（2. 11 g/100 g）>林芝市（1. 71 g/100 g）>日喀则市（1. 54 g/100 g）。

黑青稞在拉萨市、日喀则市、山南市、林芝市、昌都市 26 份青稞粗脂肪含量情况，见表 5-14。

表 5-14　不同地市黑青稞粗脂肪含量　单位：g/100 g

地市	样品数量	均值	极小值	极大值
拉萨市	5 份	1. 78±0. 46	1. 43	2. 54
日喀则市	8 份	1. 75±0. 61	1. 02	2. 31
山南市	6 份	1. 77±0. 4	1. 24	2. 02
林芝市	3 份	1. 64±0. 24	1. 36	1. 94
昌都市	4 份	1. 43±0. 41	1. 12	2. 25
合计	26 份	1. 70±0. 43	1. 02	2. 54

如表 5-14 所示，黑青稞在各地市粗脂肪含量由高到低顺序为：拉萨市（1. 78 g/100 g）>山南市（1. 77 g/100 g）>日喀则市（1. 75 g/100 g）>林芝市（1. 64 g/100 g）>昌都市（1. 43 g/100 g）。

藏青 3000 在拉萨市、日喀则市、山南市、昌都市 23 份青稞粗脂肪含量情况，见表 5-15。

表 5-15 不同地市藏青 3000 粗脂肪含量 单位：g/100 g

地市	样品数量	均值	极小值	极大值
拉萨市	1 份	1.44		
日喀则市	11 份	1.38±0.25	1.01	1.68
山南市	10 份	1.41±0.43	0.96	2.06
昌都市	1 份	1.33		
合计	23 份	1.39±0.32	0.96	2.06

如表 5-15 所示，藏青 3000 在各地市粗脂肪含量由高到低顺序为：拉萨市（1.44 g/100 g）>山南市（1.41 g/100 g）>日喀则市（1.38 g/100 g）>昌都市（1.33 g/100 g）。

察雅黑青稞在昌都市 13 份青稞粗脂肪含量情况，见表 5-16。

表 5-16 昌都市察雅黑青稞粗脂肪含量 单位：g/100 g

地市	样品数量	均值	极小值	极大值
昌都市	13 份	1.56±0.46	1.01	2.29

如表 5-16 所示，察雅黑青稞在昌都市粗脂肪含量范围为 1.01~2.29 g/100 g，平均含量为 1.56 g/100 g。

藏青 17 在日喀则市 12 份青稞粗脂肪含量情况，见表 5-17。

表 5-17 日喀则市藏青 17 青稞粗脂肪含量 单位：g/100 g

地市	样品数量	均值	极小值	极大值
日喀则市	12 份	1.88±1.01	0.92	4.85

如表 5-17 所示，藏青 17 在日喀则市粗脂肪含量范围为 0.92~4.85 g/100 g，平均含量为 1.88 g/100 g。

喜马拉 19 在日喀则市、昌都市、阿里地区 10 份青稞粗脂肪含量情况，见表 5-18。

表 5-18　不同地市喜马拉 19 粗脂肪含量　　单位：g/100 g

地市	样品数量	均值	极小值	极大值
日喀则市	6 份	1. 50±0. 38	1. 10	2. 13
昌都市	3 份	2. 11±0. 12	2. 00	2. 23
阿里地区	1 份	2. 08		
合计	10 份	1. 74±0. 43	1. 10	2. 23

如 5-18 所示，喜马拉 19 在各地市粗脂肪含量由高到低顺序为：昌都市（2. 11 g/100 g）>阿里地区（2. 08 g/100 g）>日喀则市（1. 50 g/100 g）。

喜马拉 23 在日喀则市 10 份青稞粗脂肪含量情况，见表 5-19。

表 5-19　日喀则市喜马拉 23 粗脂肪含量　　单位：g/100 g

地市	样品数量	均值	极小值	极大值
日喀则市	10 份	1. 11±0. 30	0. 78	1. 62

如表 5-19 所示，喜马拉 23 在日喀则市的粗脂肪含量范围为 0. 78~1. 62 g/100 g，平均含量为 1. 11 g/100 g。

紫青稞在拉萨市、山南市、阿里地区 6 份青稞粗脂肪含量情况，见表 5-20。

表 5-20　不同地市紫青稞粗脂肪含量　　单位：g/100 g

地市	样品数量	均值	极小值	极大值
拉萨市	3 份	2. 49±0. 40	1. 94	2. 88
山南市	1 份	2. 36		
阿里地区	2 份	2. 75±0. 27	2. 74	3. 02
合计	6 份	2. 55±0. 39	1. 94	3. 02

如表 5-20 所示，紫青稞在各地市粗脂肪含量由高到低顺序为：阿里地区（2. 75 g/100 g）>拉萨市（2. 49 g/100 g）>山南市（3. 36 g/100 g）。

山青 9 号在山南市 4 份青稞粗脂肪含量情况，见表 5-21。

表 5-21 山南市山青 9 号青稞粗脂肪含量 单位：g/100 g

地市	样品数量	均值	极小值	极大值
山南市	4 份	1. 46±0. 43	1. 08	2. 03

如表 5-21 所示，山青 9 号青稞在山南市粗脂肪含量范围为 1. 08～2. 03 g/100 g，平均含量为 1. 46 g/100 g。

果洛在昌都市 3 份青稞粗脂肪含量情况，见表 5-22。

表 5-22 昌都市果洛青稞粗脂肪含量 单位：g/100 g

地市	样品数量	均值	极小值	极大值
昌都市	3 份	1. 85±0. 30	1. 56	2. 15

如表 5-22 所示，果洛在昌都市的粗脂肪含量范围为 1. 56～2. 15 g/100 g，平均含量为 1. 85 g/100 g。

六棱黑青稞在山南市 3 份青稞粗脂肪含量情况，见表 5-23。

表 5-23 山南市六棱黑青稞粗脂肪含量 单位：g/100 g

地市	样品数量	均值	极小值	极大值
山南市	3 份	1. 78±0. 29	1. 52	2. 09

如表 5-23 所示，六棱黑青稞在山南市粗脂肪含量范围为 1. 52～2. 09 g/100 g，平均含量为 1. 78 g/100 g。

四棱黑青稞在山南市 3 份青稞粗脂肪含量情况，见表 5-24。

表 5-24 山南市四棱黑青稞粗脂肪含量 单位：g/100 g

地市	样品数量	均值	极小值	极大值
山南市	3 份	1. 36±0. 24	1. 17	1. 63

如表 5-24 所示，四棱黑青稞在山南市的粗脂肪含量范围为 1. 17～1. 63 g/100 g，平均含量为 1. 36 g/100 g。

丁青小蓝青稞在昌都市 3 份青稞粗脂肪含量情况，见表 5-25。

表 5-25　昌都市丁青小蓝青稞粗脂肪含量　单位：g/100 g

地市	样品数量	均值	极小值	极大值
昌都市	3 份	1. 93±0. 46	1. 40	2. 24

如表 5-25 所示，丁青小蓝青稞在昌都市粗脂肪含量范围为 1. 40～2. 24 g/100 g，平均含量为 1. 93 g/100 g。

参考文献

郭慧珍，杨希娟，党斌，等，2023. 不同粒度青稞粉的品质特性 [J/OL]. 食品与机械，39 (10)：150 - 156. DOI：10. 13652/j. spjx. 1003. 5788. 2023. 80028.

刘新红，2014. 青稞品质特性评价及加工适宜性研究 [D]. 西宁：青海大学.

夏虎，2023. 青稞品质分析及加工适宜性评价方法构建研究 [D]. 成都：成都大学.

邢晓婷，孙辉，刘建垒，等，2023. 青稞营养特性与加工品质研究进展 [J/OL]. 中国食物与营养，29 (6)：40-44. DOI：10. 19870/j. cnki. 11-3716/ts. 2023. 06. 008.

杨希娟，2023. 不同粒色青稞营养品质评价 [J]. 青海农林科技 (4)：58-64.

6 青稞脂肪酸

6.1 脂肪酸

脂肪酸（fatty acid，FA）是一类一端含有1个羧基的长的脂肪族碳氢链的有机物，脂肪酸碳氢链的一端为甲基端，一端为羧基端。基本结构是1条碳氢链，基本分子式为 $CH_3[CH_2]_nCOOH$，式中 n 的数目大部分为2~24个，碳链多为直链。脂肪酸根据碳链长度不同分为短链脂肪酸（挥发性脂肪酸）、中链脂肪酸、长链脂肪酸；根据饱和度不同分为饱和脂肪酸（saturated fatty acid，SFA）、不饱和脂肪酸（unsaturated fatty acid，UFA）；根据几何构型的不同分为顺式脂肪酸、反式脂肪酸等。

饱和脂肪酸以碳原子的烃而命名，如硬脂酸，脂肪酸碳链含有18个碳原子，就称为十八烷酸，记为C18:0。10个碳以下的饱和脂肪酸一般用天干命名法表示，如酪酸，含有4个碳原子，就称为丁酸。不饱和脂肪酸从羧基端开始编号，沿着双键最长的碳链，标出不饱和键的位置，如亚油酸命名为9,12-十八碳二烯酸。除常用的系统命名和俗称外，在国际上还有用Δ编号和 n 或ω编号体系表示不同的脂肪酸。Δ编号体系是从羧基端碳原子算起，标出脂肪酸分子上双键位置。如，亚油酸可以表示为Δ9,12C18；而ω（或 n）编号体系则是从离羧基的另一端甲基算起，标注脂肪酸分子上双键位置。如亚油酸可以表示为C18:2 ω-6或C18:2 n-6。常见脂肪酸类型见表6-1。

表 6-1　常见脂肪酸类型

类别	简写符号名称	系统名称（化学名称）	通俗名称（英文缩写）
饱和脂肪酸（SFA）	C4:0	丁酸	酪酸
	C6:0	己酸	羊油酸
	C8:0	辛酸	羊脂酸
	C10:0	癸酸	羊蜡酸、发酸
	C12:0	十二烷酸	月桂酸
	C14:0	十四烷酸	肉豆蔻酸、肉蔻酸
	C16:0	十六烷酸	棕榈酸、软质酸
	C18:0	十八烷酸	硬脂酸
	C20:0	二十烷酸	花生酸
	C22:0	二十二烷酸	山嵛酸
	C24:0	二十四烷酸	木焦油酸
单不饱和脂肪酸（MUFA）	C10:1,*n*-6	4-十碳烯酸	癸烯酸
	C12:1,*n*-7	5-十二碳烯酸	月桂烯酸
	C14:1,*n*-5	9-十四碳烯酸	肉豆蔻烯酸
	C16:1,*n*-7	9-十六碳烯酸	棕榈油酸
	C18:1,*n*-9	9-十八碳烯酸	油酸
	C20:1,*n*-11	9-二十碳烯酸	
	C22:1,*n*-9	13-二十二碳烯酸	芥子酸
	C24:1,*n*-9	15-二十四碳烯酸	神经酸
多不饱和脂肪酸（PUFA）	C18:2,*n*-6	9,12-十八碳二烯酸	亚油酸
	C18:3,*n*-3	9,12,15-十八碳三烯酸	α-亚麻酸(ALA)
	C18:3,n-6	6,9,12-十八碳三烯酸	γ-亚麻酸(GLA)
	C20:3,*n*-9	5,8,11-二十碳三烯酸	“蜜”酸
	C20:3,*n*-6	8,11,14-二十碳三烯酸	二高-γ-亚麻酸(DGLA)
	C20:4,*n*-6	5,8,11,14-二十碳四烯酸	花生四烯酸
	C20:5,*n*-3	5,8,11,14,17-二十碳五烯酸	EPA
	C22:5,*n*-3	7,10,13,16,19-二十二碳五烯酸	DPA
	C22:6,*n*-3	4,7,10,13,16,19-二十二碳六烯酸	DHA

脂肪酸在营养学上分为必需脂肪酸和非必需脂肪酸。必需脂肪酸（essential fatty acid，EFA）是人体不可缺少而自身又不能合成或合成的数量远远不能满足需要，必须依赖食物供应的脂肪酸，被称为人体必需脂肪酸。目前，被普遍定义的人体必需脂肪酸有两类，一类是以 α-亚麻酸为母体的 ω-3 系列多不饱和脂肪酸；另一类是以亚油酸为母体的 ω-6 系列多不饱和脂肪酸。非必需脂肪酸是机体能够自行合成，可以不依靠食物供应的脂肪酸，它包括饱和脂肪酸和一些单不饱和脂肪酸。

一般认为，膳食脂肪的营养价值可从脂肪的消化率、脂肪中必需脂肪酸含量以及脂肪中脂溶性维生素的含量 3 个方面进行评价。由于碳水化合物可以取代脂肪提供能量，过量摄入碳水化合物也可转化为体脂造成肥胖，故人体脂类营养状况与膳食脂类的关系不甚密切，其评价远不如蛋白质营养状况的评价明确易行，通常主要是评价人体必需脂肪酸的营养状况，食物中含有的必需脂肪酸越多营养价值越高。

6.2 脂肪酸的营养作用

脂肪（油脂）是人类不可缺少的食物成分之一。脂肪的主要成分是甘油三酯，占脂肪的 90%~95%，而脂肪酸则是甘油三酯的组成成分，约占甘油三酯的 95%。脂肪酸种类及其在甘油三酯中的分布情况对油脂的性质起着重要的作用，也影响着体内消耗、吸收。不饱和脂肪酸中，双键在碳链中位置的不同，对脂肪酸的性能、对人体健康的作用等均有不同的作用。

脂肪酸在机体内可氧化分解为二氧化碳和水，并释放大量能量，是机体主要能量来源之一。同时，在机体正常代谢过程中，脂肪酸为合成生物膜、胆固醇酯、前列腺素、乙酰辅酶 A 等提供生物活性物质，在机体内发挥着重要的生理作用，如 EPA 和 DHA 具有降低血液胆固醇和甘油三酯的作用。缺乏必需脂肪酸可引起生长迟缓、生殖障碍、皮肤损伤以及内脏、神经和视觉等方面的疾病，如 ω-3 系脂肪酸不足容易导致心脏和大脑等重要器官障碍。脂肪酸不仅为营养所必需，而且在食物中具有特殊属性，给食物赋予特殊的风味，改善食物的色、香、味等感官质量，可激发人的食欲。

6.3 青稞脂肪酸含量

6.3.1 脂肪酸检测方法

脂肪酸的分析，现在广泛采用气相色谱法。其原理是脂肪酸在碱性条件下皂化和甲酯化，生成的脂肪酸甲酯通过色谱仪气化室气化后被载气带入色谱柱，利用色谱柱固相对各脂肪酸的不同吸附，脂肪酸在固相和载气中不断分配，各脂肪酸在柱内随载气移动速度不一样而实现分离。分离出来的不同脂肪酸用火焰光度检测器检测，按内标法或峰归一化，或者外标法，确定各脂肪酸的含量。

参考标准有 GB 5009.168—2016《食品安全国家标准 食品中脂肪酸的测定》规定的食品中脂肪酸含量的测定方法。适用于食品中总脂肪、饱和脂肪（酸）、不饱和脂肪（酸）的测定。

6.3.2 青稞脂肪酸含量分析

因青稞脂肪酸统计样本有限，本节统计了文献中西藏以及其他省地市（青海玉树、海北州、西宁，四川甘孜）不同品种青稞脂肪酸种类及含量，见表 6-2。品种包括白青稞、北青 6 号、藏青 2000、藏青 320、柴青 1 号、冬青 11、钩芒黑青稞、加查黑青稞、黑青稞、康青 7 号、昆仑 14 号、昆仑 15 号、裸大麦。

表 6-2　常见脂肪酸种类及含量　　单位：mg/100 g

脂肪酸类别和种类	样品数量	均值	极小值	极大值
饱和脂肪酸	1 份	272.41		
不饱和脂肪酸	1 份	949.72		
单不饱和脂肪酸	1 份	200.23		
多饱和脂肪酸	1 份	749.50		
总脂肪酸	1 份	1 222.13		
顺-11-二十碳一烯酸	1 份	11.52		
二十二酸	1 份	2.41		

（续表）

脂肪酸类别和种类	样品数量	均值	极小值	极大值
二十三酸	1份	10.85		
二十四酸	1份	1.64		
附子脂酸	1份	1.92		
鲸油酸 C22:1,*n*-9	1份	1.88		
神经酸	1份	1.40		
9,12-十八碳二烯酸甲酯	1份	529.54		
9-十八碳烯酸甲酯	1份	247.50		
十八烷酸甲酯	1份	11.88		
二十碳三烯酸甲酯	1份	30.72		
芥酸甲酯	1份	15.60		
山嵛酸甲酯	1份	14.64		
十二烷酸	1份	12.09		
正庚醛	1份	24.70		
正壬基环己烷	1份	3.51		
总胆固醇	1份	0		
棕榈油酸	1份	1.78		
十六烷酸甲酯	1份	247.50		
肉豆蔻酸甲酯	1份	16.08		
棕榈油酸甲酯	1份	658.08		
亚油酸甲酯	1份	1 457.52		
硬脂酸甲酯	1份	112.56		
花生酸甲酯	1份	94.80		
十六烷酸	1份	4.94		
十五烷酸	1份	9.49		
十一醛	1份	2.47		
十一烷酸	1份	2.99		
肉蔻酸 C14:0	1份	2.37		
二十二烷酸	3份	1.37±1.48	0.11	3.00
二十碳五烯酸甲酯	3份	0.106 7±0.005 77	0.10	0.11

（续表）

脂肪酸类别和种类	样品数量	均值	极小值	极大值
花生酸	4 份	1.017 5±1.815 00	0.11	3.74
花生烯酸	3 份	1.450 0±0.513 91	1.00	2.01
肉豆蔻酸	3 份	0.894 3±0.185 62	0.68	1.00
亚麻酸	12 份	5.436 7±13.793 79	0.01	49.13
亚油酸	13 份	107.575 4±220.852 95	2.10	698.46
硬脂酸	12 份	2.429 2±3.050 50	0.68	11.52
油酸	12 份	28.204 2±50.032 49	5.27	183.65
棕榈酸	13 份	72.763 1±129.016 22	6.29	447.00

参考文献

陈文若，綦文涛，贠婷婷，等，2017. 不同品种皮大麦与裸大麦的营养与功能活性成分差异比较及相关性分析［J］. 中国粮油学报，32（8）：39-45，70.

樊秉芸，2011. 刍议青稞营养价值及综合利用前景［J］. 农村经济与科技，22（6）：35-36.

高秀莲，毛培文，黎刘定吉，等，2019. 不同粒色青稞及其生物处理样品中脂肪含量和脂肪酸组成分析［J］. 上海交通大学学报（农业科学版），37（6）：54-59，67.

耿薇，郑敏燕，张卫红，等，2014. 两种不同定量方法对比分析青稞籽粒中的脂肪酸含量［J］. 化学工程师，28（5）：35-37. DOI：10.16247/j.cnki.23-1171/tq.2014.05.004.

洪佳敏，林宝妹，张帅，等，2019. 6 种杂粮营养成分分析及评价［J］. 食品安全质量检测学报，10（18）：6254-6260. DOI：10.19812/j.cnki.jfsq11-5956/ts.2019.18.049.

胡敏，林亲录，罗章，等，2016. 西藏青稞与鸡爪谷营养成分及风味成分的分析研究［J］. 食品工业科技，37（14）：49-53，58. DOI：10.13386/j.issn1002-0306.2016.14.001.

回瑞华，侯冬岩，李铁纯，等，2022. 4 种麦类作物脂肪酸成分的比较分析［J］. 鞍山师范学院学报，24（4）：42-44.
吴宏亚，陈初红，胡俊，等，2013. 西藏青稞研究现状及品种遗传改良进展［J］. 大麦与谷类科学，（4）：10-15. DOI：10.14069/j.cnki.32-1769/s.2013.04.012.
吴渊，陈栋，雷冬冬，等，2022. 黑青稞谷粒中脂肪酸组分分析［J］. 现代食品，28（13）：191-193，197. DOI：10.16736/j.cnki.cn41-1434/ts.2022.13.051.
郑金贵，2004. 农产品品质学：第1卷［M］. 厦门：厦门大学出版社.

7 青稞矿质元素

7.1 矿质元素

矿质元素是指除碳、氢、氧以外，主要由植物根系从土壤中吸收的元素。矿质元素是人体保持身体健康和预防疾病必不可少的元素。人体内有50多种矿质元素，已发现约有20种元素是构成人体组织、维持生理功能、生化代谢所必需的，大致可分为常量（宏量）元素和微量元素两大类。人体必需的矿质元素有钙、磷、镁、钾、钠、硫、氯7种，其含量占人体0.01%以上或膳食摄入量大于100 mg/d，被称为常量元素。铁、锌、铜、钴、钼、硒、碘、铬8种为必需的微量元素，微量元素是指其含量占人体0.01%以下或膳食摄入量小于100 mg/d的矿质元素。还有锰、硅、镍、硼和钒5种是人体可能必需的微量元素。还有一些微量元素在低剂量时可能对人体有某种未知的生理作用，但摄入过量时具有明显毒性，会导致病变或损伤，主要有氟、铅、汞、铝、砷、锡、锂和镉等，青稞常见矿质元素见表7-1。

表7-1 青稞常见矿质元素

按含量分类	按是否人体必需分类	名称	化学式
常量（宏量）元素	必需的常量元素	钙	Ca
		磷	P
		钠	Na
		钾	K
		氯	Cl
		镁	Mg
		硫	S

（续表）

按含量分类	按是否人体必需分类	名称	化学式
微量元素	必需的微量元素	铜	Cu
		钴	Co
		铁	Fe
		铬	Cr
		碘	I
		锌	Zn
		钼	Mo
		硒	Se
	可能必需的微量元素	锰	Mn
		硅	Si
		镍	Ni
		硼	B
		钒	V
	低剂量可能有某种未知的生理作用，但高剂量有明显毒性的微量元素	氟	F
		铅	Pb
		镉	Cd
		汞	Hg
		砷	As
		铝	Al
		锡	Sn
		锂	Li

7.2 矿质元素营养作用

7.2.1 矿质元素的代谢特点

矿质元素的代谢特点如下。

①体内不能合成，必须从食物和饮用水中摄取。

②矿物质在体内组织器官中的分布不均匀。

③矿物质元素相互之间存在协同或拮抗效应。

④部分矿物质需要量很少，生理需要量与中毒剂量的范围较窄，过量摄入易引起中毒。

7.2.2 矿质元素的生理功能

矿质元素的生理功能如下。

①构成人体组织的重要成分。

②维持渗透压、酸碱平衡、神经肌肉兴奋性。

③构成酶的辅基、激素、维生素、核酸等多种活性物质的成分，参与酶系激活。

7.2.3 不同矿物质的生理功能

（1）铁

铁是人体含量最多的微量元素，一般成年人体内含铁 3~5 g。人体内的铁主要存在于血液当中，它是制造血红蛋白不可缺少的元素。缺铁会影响血红蛋白的形成，易造成缺铁性贫血。如果铁元素一次性摄入过多引起铁中毒，出现疲乏、呕吐、腹泻、血压下降甚至休克。

（2）铜

铜是人体必需微量元素之一，也是多种酶的主要原料，正常人体内含量为 60~120 mg，分布在身体各部分，对骨骼组织和大脑的发育及功能有重要影响。过多摄入铜元素可导致黄疸型肝炎、肝硬化等。

（3）锌

锌是人体 200 多种代谢酶及辅酶的组成物质，是影响智力发育和心理素质的重要元素之一。缺锌会影响视觉功能，导致视力下降，还会影响智力发育，导致记忆力下降，产生厌食等。如摄入过量会引起中毒，出现呕吐、肠功能失调、便血等疾病。

（4）锰

锰有助于骨骼、软骨和神经系统的健康形成，并可激活 20 多种酶的活性。可稳定血糖，也是生育和红细胞形成、产生胰岛素、减少细胞损害、健全大脑功能的重要营养物质。人体内如果缺乏锰会影响脑功能下降、生殖能力低下等症状。

（5）钙

钙是保持心脏健康、止血、神经健康、肌肉收缩正常功能以及皮肤、骨骼和牙齿健康的营养素，可减轻肌肉和骨骼的疼痛，保持体内酸碱度的平衡，缓和月经期的腹痛及肌肉抽搐。对人体各个系统、组织、器官起着重要的调节作用，维持正常功能，充足的钙可保持精力旺盛，抑制脑神经的异常兴奋，并提高人的思维能力。缺钙影响神经传导，会使人情绪不稳定。

(6) 镁

镁具有增强骨骼和牙齿强度的功能，有助于肌肉放松，从而促进肌肉的健康，对于治疗经前期综合征、保护心脏和神经系统健康有重要的意义。是产生能量的必需物质和多种酶的激活剂，能维护神经的兴奋性和促进骨骼的生长发育，缺镁会引起手足搐搦、痉挛等疾病。

(7) 钾

钾有助于营养素转入细胞，并将代谢物运出细胞，促进神经和肌肉的健康，维持体液平衡，放松肌肉，有助于促进胰岛素的分泌以及调节血糖、持续产生能量。参与新陈代谢，维持心脏功能，刺激肠道蠕动，缺钾会引起心跳的加速和不规律。

7.3 西藏青稞矿质元素含量

7.3.1 矿质元素检测方法

青稞中矿质元素的检测方法主要有电感耦合等离子体质谱法（ICP-MS）、电感耦合等离子体发射光谱法（ICP-OES）、火焰原子吸收光谱法等。其中电感耦合等离子体质谱法的原理是试样经消解后，由电感耦合等离子体质谱仪测定，以元素特定质量数（质荷比，m/z）定性，采用外标法，以待测元素质谱信号与内标元素质谱信号的强度比与待测元素的浓度比例进行定量分析。电感耦合等离子体发射光谱法的原理是试样经消解后，由电感耦合等离子体发射光谱仪测定，以元素的特征谱线波长定性，以待测元素谱线信号强度与元素浓度比例进行定量分析。火焰原子吸收光谱法的原理是试样经消解后，在一定波长处测定吸光度，在一定范围内，元素的吸光值与所测含量成正比，与标准系列比较定量。

参考标准有 GB 5009.268—2016《食品安全国家标准　食品中多元素

的测定》、GB 5009.12—2023《食品安全国家标准 食品中铅的测定》等。

7.3.2 青稞品种、产地及来源

本研究经过2014年、2015年、2021年、2023年度，选取西藏自治区拉萨市、山南市、日喀则市、昌都市、林芝市、阿里地区6个地市青稞主产县（市、区）共计564份样品进行青稞矿质元素含量分析。其中，拉萨市124份、山南市103份、日喀则市122份、林芝市79份、昌都市99份、阿里地区37份。12个青稞品种，共计622份样品，品种包括藏青2000、喜马拉22、藏青3000、喜马拉19、藏青320、当地品种、藏青17、喜马拉23、冬青18、黑青稞、蓝青稞、紫青稞。

本研究采用GB 5009.268—2016《食品安全国家标准 食品中多元素的测定》的方法测定青稞矿质元素含量。

7.3.3 各地市及其县（市、区）青稞矿质元素含量

拉萨市堆龙德庆区、达孜区、林周县、尼木县、曲水县、墨竹工卡县6个县（区）124份青稞，日喀则市桑珠孜区、江孜县、白朗县、康马县、吉隆县5个县（区）122份青稞，山南市乃东区、扎囊县、贡嘎县、桑日县、琼结县、隆子县6个县（区）青稞103份青稞，林芝市巴宜区、工布江达县、米林县（米林市）、朗县4个县（市、区）79份青稞，昌都市卡若区、贡觉县、察雅县、八宿县、左贡县、芒康县、洛隆县、边坝县8个县（区）99份青稞，阿里地区普兰县、札达县2个县37份青稞钾元素含量情况，详见表7-2。

表7-2 各地市及其县（市、区）青稞钾元素含量 单位：mg/kg

地市	县（市、区）	样品数量	均值	极小值	极大值
拉萨市	堆龙德庆区	4份	5 834.99±1 756.22	4 210.53	7 646.50
	达孜区	19份	5 370.67±495.61	4 272.28	6 267.94
	林周县	34份	5 238.64±973.70	3 557.96	7 440.43
	尼木县	23份	6 188.70±1 068.80	4 299.54	8 329.70
	曲水县	12份	5 945.09±993.74	4 790.94	8 090.90
	墨竹工卡县	32份	4 958.33±661.70	3 858.07	6 367.73
	小计	124份	5 589.40±991.63	3 557.96	8 329.70

（续表）

地市	县（市、区）	样品数量	均值	极小值	极大值
日喀则市	桑珠孜区	11 份	6 043. 25±1 433. 72	3 142. 79	7 321. 84
	江孜县	49 份	4 751. 96±1 168. 78	2 436. 16	6 643. 01
	白朗县	41 份	4 910. 93±1 369. 12	2 630. 84	7 478. 13
	康马县	19 份	3 878. 86±929. 17	2 945. 46	5 686. 08
	吉隆县	2 份	7 870. 45±517. 53	7 504. 50	8 236. 40
	小计	122 份	5 491. 09±1 083. 66	2 436. 16	8 236. 40
山南市	乃东区	16 份	5 629. 23±1 838. 09	2 777. 13	8 283. 85
	扎囊县	23 份	6 757. 81±1 370. 07	4 377. 86	8 616. 25
	贡嘎县	43 份	5 656. 00±770. 38	4 511. 43	7 846. 61
	桑日县	11 份	7 508. 87±1 029. 05	5 821. 95	8 889. 33
	隆子县	8 份	7 417. 37±979. 07	5 483. 00	8 424. 81
	琼结县	2 份	6 310. 80±1 195. 01	5 465. 80	7 155. 80
	小计	103 份	6 546. 68±1 196. 95	2 777. 13	8 889. 33
林芝市	巴宜区	24 份	6 175. 64±1 473. 89	4 008. 15	8 813. 24
	工布江达县	26 份	6 077. 70±989. 12	3 912. 42	7 754. 43
	米林县（米林市）	14 份	5 468. 61±1 185. 55	3 439. 71	6 985. 09
	朗县	15 份	5 929. 64±956. 35	4 594. 87	7 622. 08
	小计	79 份	5 912. 20±1 151. 23	3 439. 71	8 813. 24
昌都市	卡若区	4 份	5 915. 87±998. 67	4 432. 91	6 607. 15
	左贡县	29 份	5 695. 53±791. 34	4 385. 29	8 301. 52
	察雅县	13 份	5 877. 52±511. 32	4 602. 97	6 311. 55
	芒康县	16 份	5 600. 10±1 064. 38	2 427. 31	6 885. 81
	洛隆县	22 份	5 508. 68±691. 05	4 469. 42	6 868. 60
	边坝县	12 份	5 800. 82±342. 73	5 359. 39	6 468. 23
	八宿县	2 份	5 079. 58±133. 27	4 985. 34	5 173. 81
	贡觉县	1 份	5 919. 77		
	小计	99 份	5 674. 73±647. 54	2 427. 31	8 301. 52

（续表）

地市	县（市、区）	样品数量	均值	极小值	极大值
阿里地区	普兰县	17 份	5 328.37±1 249.82	3 613.55	8 830.50
	札达县	20 份	4 679.51±1 111.55	3 469.14	7 869.50
	小计	37 份	5 003.94±1 180.69	3 469.14	8 830.50
合计		564 份	5 784.82±1 001.63	2 427.31	8 889.33

如表 7-2 所示，产自拉萨市堆龙德庆区、达孜区、林周县、尼木县、曲水县、墨竹工卡县 6 个县（区）青稞钾元素含量由高到低顺序为：尼木县（6 188.70 mg/kg）>曲水县（5 945.09 mg/kg）>堆龙德庆区（5 834.99 mg/kg）>达孜区（5 370.67 mg/kg）>林周县（5 238.64 mg/kg）>墨竹工卡县（4 958.33 mg/kg）。

产自日喀则市桑珠孜区、江孜县、白朗县、康马县、吉隆县 5 个县（区）青稞钾元素含量由高到低顺序为：吉隆县（7 870.45 mg/kg）>桑珠孜区（6 043.25 mg/kg）>白朗县（4 910.93 mg/kg）>江孜县（4 751.96 mg/kg）>康马县（3 878.86 mg/kg）。

产自山南市乃东区、扎囊县、贡嘎县、桑日县、隆子县、琼结县 6 个县（区）青稞钾元素含量由高到低顺序为：桑日县（7 508.87 mg/kg）>隆子县（7 417.37 mg/kg）>扎囊县（6 757.81 mg/kg）>琼结县（6 310.80 mg/kg）>贡嘎县（5 656.00 mg/kg）>乃东区（5 629.23 mg/kg）。

产自林芝市巴宜区、工布江达县、米林县（米林市）、朗县 4 个县（市、区）青稞钾元素含量由高到低顺序为：巴宜区（6 175.64 mg/kg）>工布江达县（6 077.70 mg/kg）>朗县（5 929.64 mg/kg）>米林县（米林市）（5 468.61 mg/kg）。

产自昌都市卡若区、左贡县、察雅县、芒康县、洛隆县、边坝县、八宿县、贡觉县 8 个县（区）青稞钾元素平均含量由高到低顺序为：贡觉县（5 919.77 mg/kg）>卡若区（5 915.87 mg/kg）>察雅县（5 877.52 mg/kg）>边坝县（5 800.82 mg/kg）>左贡县（5 695.53 mg/kg）>芒康县（5 600.10 mg/kg）>洛隆县（5 508.68 mg/kg）>八宿县（5 079.58 mg/kg）。

产自阿里地区普兰县、札达县 2 个县青稞钾元素含量由高到低顺序为：普兰县（5 328.37 mg/kg）>札达县（4 679.51 mg/kg）。

拉萨市堆龙德庆区、达孜区、林周县、尼木县、曲水县、墨竹工卡县6个县（区）124份青稞，日喀则市桑珠孜区、江孜县、白朗县、康马县、吉隆县5个县（区）122份青稞，山南市乃东区、扎囊县、贡嘎县、桑日县、琼结县、隆子县6个县（区）103份青稞，林芝市巴宜区、工布江达县、米林县（米林市）、朗县4个县（市、区）79份青稞，昌都市卡若区、贡觉县、察雅县、八宿县、左贡县、芒康县、洛隆县、边坝县8个县（区）99份青稞，阿里地区普兰县、札达县2个县37份青稞钙元素含量情况，见表7-3。

表7-3 各地市及其县（市、区）青稞钙元素含量 单位：mg/kg

地市	县（市、区）	样品数量	均值	极小值	极大值
拉萨市	堆龙德庆区	4份	690.99±210.40	417.26	915.71
	达孜区	19份	579.71±92.69	406.24	753.37
	林周县	34份	570.93±98.63	365.60	752.30
	尼木县	23份	635.89±218.72	425.50	1 188.94
	曲水县	12份	632.56±175.11	457.04	1 145.47
	墨竹工卡县	32份	599.65±97.29	408.88	753.91
	小计	124份	618.29±148.81	365.60	1 188.94
日喀则市	桑珠孜区	11份	502.15±74.75	375.48	631.95
	江孜县	49份	576.63±343.08	350.87	2 834.36
	白朗县	41份	612.42±122.16	407.84	935.14
	康马县	19份	613.64±125.93	441.37	887.05
	吉隆县	2份	509.24±35.61	484.06	534.42
	小计	122份	562.82±140.31	350.87	2 834.36
山南市	乃东区	16份	596.33±382.32	111.88	1 406.66
	扎囊县	23份	606.33±298.70	97.53	1 078.56
	贡嘎县	43份	630.66±233.17	209.69	1 034.58
	桑日县	11份	726.39±125.54	396.54	851.80
	隆子县	8份	721.54±228.96	292.98	966.60
	琼结县	2份	615.50±88.17	553.15	677.84
	小计	103份	649.46±226.14	97.53	1 406.66

（续表）

地市	县（市、区）	样品数量	均值	极小值	极大值
林芝市	巴宜区	24 份	343. 40±238. 20	13. 19	824. 28
	工布江达县	26 份	283. 52±196. 44	6. 88	736. 75
	米林县（米林市）	14 份	510. 53±100. 50	419. 36	743. 49
	朗县	15 份	554. 63±124. 65	360. 78	896. 10
	小计	79 份	423. 02±164. 95	6. 88	896. 10
昌都市	卡若区	4 份	591. 37±211. 31	351. 82	858. 63
	左贡县	29 份	481. 77±84. 76	334. 60	635. 33
	察雅县	13 份	543. 29±69. 79	333. 43	619. 17
	芒康县	16 份	528. 59±295. 54	256. 24	1 239. 11
	洛隆县	22 份	406. 06±100. 82	192. 57	609. 58
	边坝县	12 份	414. 99±116. 04	271. 67	659. 86
	八宿县	2 份	758. 50±60. 90	715. 44	801. 56
	贡觉县	1 份	631. 12		
	小计	99 份	544. 46±134. 17	192. 57	1 239. 11
阿里地区	普兰县	17 份	540. 92±317. 32	136. 65	1 111. 26
	札达县	20 份	292. 80±217. 42	100. 39	962. 74
	小计	37 份	416. 86±267. 37	100. 39	1 111. 26
合计		564 份	558. 13±169. 50	6. 88	2 834. 36

如表 7-3 所示，产自拉萨市堆龙德庆区、达孜区、林周县、尼木县、曲水县、墨竹工卡县 6 个县（区）青稞钙元素含量由高到低顺序为：堆龙德庆区（690. 99 mg/kg）>尼木县（635. 89 mg/kg）>曲水县（632. 56 mg/kg）>墨竹工卡县（599. 65 mg/kg）>达孜区（579. 71 mg/kg）>林周县（570. 93 mg/kg）。

产自日喀则市桑珠孜区、江孜县、白朗县、康马县、吉隆县 5 个县（区）青稞钙元素含量由高到低顺序为：康马县（613. 64 mg/kg）>白朗县（612. 42 mg/kg）>江孜县（576. 63 mg/kg）>吉隆县（509. 24 mg/kg）>桑珠孜区（502. 15 mg/kg）。

产自山南市乃东区、扎囊县、贡嘎县、桑日县、琼结县、隆子县 6 个

县（区）青稞钙元素含量由高到低顺序为：桑日县（726.39 mg/kg）>隆子县（721.54 mg/kg）>贡嘎县（630.66 mg/kg）>琼结县（615.50 mg/kg）>扎囊县（606.33 mg/kg）>乃东区（596.33 mg/kg）。

产自林芝市巴宜区、工布江达县、米林县（米林市）、朗县4个县（市、区）青稞钙元素含量由高到低顺序为：朗县（554.63 mg/kg）>米林县（米林市）（510.53 mg/kg）>巴宜区（343.40 mg/kg）>工布江达县（283.52 mg/kg）。

产自昌都市卡若区、贡觉县、察雅县、八宿县、左贡县、芒康县、洛隆县、边坝县8个县（区）青稞钙元素含量由高到低顺序为：八宿县（758.50 mg/kg）>贡觉县（631.12 mg/kg）>卡若区（591.37 mg/kg）>察雅县（543.29 mg/kg）>芒康县（528.59 mg/kg）>左贡县（481.77 mg/kg）>边坝县（414.99 mg/kg）>洛隆县（406.06 mg/kg）。

产自阿里地区普兰县、札达县2个县青稞钙元素含量由高到低顺序为：普兰县（540.92 mg/kg）>札达县（292.80 mg/kg）。

拉萨市堆龙德庆区、达孜区、林周县、尼木县、曲水县、墨竹工卡县6个县（区）124份青稞，日喀则市桑珠孜区、江孜县、白朗县、康马县、吉隆县5个县（区）122份青稞，山南市乃东区、扎囊县、贡嘎县、桑日县、结县、隆子县6个县（区）青稞103份青稞，林芝市巴宜区、工布江达县、米林县（米林市）、朗县4个县（市、区）79份青稞，昌都市卡若区、贡觉县、察雅县、八宿县、左贡县、芒康县、洛隆县、边坝县8个县（区）99份青稞，阿里地区普兰县、札达县2个县37份青稞镁元素含量情况，见表7-4。

表7-4 各地市及其县（市、区）青稞镁元素含量 单位：mg/kg

地市	县（市、区）	样品数量	均值	极小值	极大值
拉萨市	堆龙德庆区	4份	1 250.51±273.63	939.27	1 572.00
	达孜区	19份	1 410.68±293.93	1043.30	1 901.83
	林周县	34份	1 452.99±290.83	984.26	2 092.30
	尼木县	23份	1 202.16±118.29	1 028.09	1 470.50
	曲水县	12份	1 467.21±295.74	1 115.17	1 906.61
	墨竹工卡县	32份	1 266.75±254.79	906.22	1 785.11
	小计	124份	1 341.72±244.54	906.22	2 092.30

（续表）

地市	县（市、区）	样品数量	均值	极小值	极大值
日喀则市	桑珠孜区	11 份	1 299. 31±155. 27	1 114. 62	1 657. 66
	江孜县	49 份	1 144. 46±87. 24	893. 66	1 309. 46
	白朗县	41 份	1 260. 12±249. 36	955. 96	2 026. 53
	康马县	19 份	1 117. 26±80. 70	953. 67	1 247. 34
	吉隆县	2 份	1 496. 60±179. 61	1 369. 60	1 623. 60
	小计	122 份	1 263. 55±150. 44	893. 66	2 026. 53
山南市	乃东区	16 份	1 528. 84±634. 36	799. 30	2 559. 11
	扎囊县	23 份	1 622. 21±586. 40	875. 07	2 402. 89
	贡嘎县	43 份	1 454. 87±415. 25	1 035. 87	2 364. 80
	桑日县	11 份	1 997. 76±373. 33	1 128. 66	2 485. 56
	隆子县	8 份	1 950. 05±511. 01	1 192. 40	2 459. 24
	琼结县	2 份	1 289. 00±158. 25	1 177. 10	1 400. 90
	小计	103 份	1 640. 46±446. 43	799. 30	2 559. 11
林芝市	巴宜区	24 份	1 170. 33±415. 19	570. 85	1 931. 23
	工布江达县	26 份	1 229. 40±328. 67	696. 23	1 617. 10
	米林县（米林市）	14 份	1 491. 57±338. 46	1 173. 73	2 131. 38
	朗县	15 份	1 586. 17±380. 30	1 118. 74	2 145. 16
	小计	79 份	1 369. 37±365. 66	570. 85	2 145. 16
昌都市	卡若区	4 份	1 261. 12±117. 63	1 154. 15	1 378. 08
	察雅县	13 份	1 429. 41±285. 54	1 144. 02	1 802. 40
	左贡县	29 份	1 357. 51±455. 73	974. 40	2 956. 47
	芒康县	16 份	1 360. 11±371. 14	1 012. 61	2 227. 83
	洛隆县	22 份	1 351. 73±251. 21	1 116. 31	1 807. 17
	边坝县	12 份	1 297. 22±273. 35	963. 05	1 776. 46
	八宿县	2 份	1 136. 10±148. 23	1 031. 28	1 240. 91
	贡觉县	1 份	1 360. 08		
	小计	99 份	1 319. 16±271. 83	974. 40	2 956. 47

（续表）

地市	县（市、区）	样品数量	均值	极小值	极大值
阿里地区	普兰县	17 份	1 021.92±313.86	590.44	1 740.10
	札达县	20 份	786.29±253.08	537.33	1 524.80
	小计	37 份	904.11±283.47	537.33	1 740.10
合计		564 份	1 356.44±296.35	537.33	2 956.47

如表 7-4 所示，产自拉萨市堆龙德庆区、达孜区、林周县、尼木县、曲水县、墨竹工卡县 6 个县（区）青稞镁元素含量由高到低顺序为：曲水县（1 467.21 mg/kg）>林周县（1 452.99 mg/kg）>达孜区（1 410.68 mg/kg）>墨竹工卡县（1 266.75 mg/kg）>堆龙德庆区（1 250.51 mg/kg）>尼木县（1 202.16 mg/kg）。

产自日喀则市桑珠孜区、江孜县、白朗县、康马县、吉隆县 5 个县（区）青稞镁元素含量由高到低顺序为：吉隆县（1 496.60 mg/kg）>桑珠孜区（1 299.31 mg/kg）>白朗县（1 260.12 mg/kg）>江孜县（1 144.46 mg/kg）>康马县（1 117.26 mg/kg）。

产自山南市乃东区、扎囊县、贡嘎县、桑日县、琼结县、隆子县 6 个县（区）青稞镁元素含量由高到低顺序为：桑日县（1 997.76 mg/kg）>隆子县（1 950.05 mg/kg）>扎囊县（1 622.21 mg/kg）>乃东区（1 528.84 mg/kg）>贡嘎县（1 454.87 mg/kg）>琼结县（1 289.00 mg/kg）。

产自林芝市巴宜区、工布江达县、米林县（米林市）、朗县 4 个县（市、区）青稞镁元素含量由高到低顺序为：朗县（1 586.17 mg/kg）>米林县（米林市）（1 491.57 mg/kg）>工布江达县（1 229.40 mg/kg）>巴宜区（1 170.33 mg/kg）。

产自昌都市卡若区、贡觉县、察雅县、八宿县、左贡县、芒康县、洛隆县、边坝县 8 个县（区）青稞镁元素含量由高到低顺序为：察雅县（1 429.41 mg/kg）>芒康县（1 360.11 mg/kg）>贡觉县（1 360.08 mg/kg）>左贡县（1 357.51 mg/kg）>洛隆县（1 351.73 mg/kg）>边坝县（1 297.22 mg/kg）>卡若区（1 261.12 mg/kg）>八宿县（1 136.10 mg/kg）。

产自阿里地区普兰县、札达县 2 个县青稞镁元素含量由高到低顺序为：普兰县（1 021. 92 mg/kg）>札达县（786. 29 mg/kg）。

拉萨市堆龙德庆区、达孜区、林周县、尼木县、曲水县、墨竹工卡县6个县（区）124份青稞，日喀则市桑珠孜区、江孜县、白朗县、康马县、吉隆县5个县（区）122份青稞，山南市乃东区、扎囊县、贡嘎县、桑日县、琼结县、隆子县6个县（区）青稞103份青稞，林芝市巴宜区、工布江达县、米林县（米林市）、朗县4个县（市、区）79份青稞，昌都市卡若区、贡觉县、察雅县、八宿县、左贡县、芒康县、洛隆县、边坝县8个县（区）99份青稞，阿里地区普兰县、札达县2个县37份青稞铁元素含量情况，见表7-5。

表7-5 各地市及其县（市、区）青稞铁元素含量 单位：mg/kg

地市	县（市、区）	样品数量	均值	极小值	极大值
拉萨市	堆龙德庆区	4份	76. 48±38. 36	39. 40	129. 31
	达孜区	19份	233. 79±202. 66	33. 33	744. 20
	林周县	34份	202. 52±192. 67	29. 53	664. 83
	尼木县	23份	111. 19±90. 12	29. 03	345. 62
	曲水县	12份	180. 53±106. 77	26. 72	335. 66
	墨竹工卡县	32份	229. 13±198. 90	31. 27	748. 26
	小计	124份	172. 27±138. 25	26. 72	748. 26
日喀则市	桑珠孜区	11份	131. 62±70. 54	41. 90	235. 65
	江孜县	49份	148. 64±109. 87	37. 77	457. 92
	白朗县	41份	134. 10±70. 85	35. 87	337. 77
	康马县	19份	190. 12±124. 39	32. 41	415. 71
	吉隆县	2份	72. 69±2. 49	70. 93	74. 45
	小计	122份	135. 43±75. 63	32. 41	457. 92
山南市	乃东区	16份	300. 63±367. 53	61. 11	1244. 47
	扎囊县	23份	233. 72±187. 44	40. 41	712. 06
	贡嘎县	43份	174. 25±154. 30	25. 57	513. 97
	桑日县	11份	377. 40±172. 99	197. 03	811. 94
	隆子县	8份	396. 35±275. 82	28. 10	799. 29
	琼结县	2份	111. 20±116. 04	29. 14	193. 25
	小计	103份	265. 59±212. 35	25. 57	1 244. 47

（续表）

地市	县（市、区）	样品数量	均值	极小值	极大值
林芝市	巴宜区	24 份	85.87±67.20	20.65	232.39
	工布江达县	26 份	45.54±27.14	23.49	116.88
	米林县（米林市）	14 份	135.56±128.93	26.37	464.71
	朗县	15 份	149.84±100.83	35.91	340.90
	小计	79 份	104.20±81.03	20.65	464.71
昌都市	卡若区	4 份	69.91±49.35	40.79	143.77
	左贡县	29 份	304.18±480.32	19.03	2 198.94
	察雅县	13 份	160.45±99.08	50.64	319.53
	芒康县	16 份	209.83±316.64	28.43	1 183.93
	洛隆县	22 份	165.02±190.81	31.18	747.71
	边坝县	12 份	198.54±239.32	33.12	698.90
	八宿县	2 份	113.74±46.52	80.84	146.63
	贡觉县	1 份	117.42		
	小计	99 份	167.39±203.15	19.03	2 198.94
阿里地区	普兰县	17 份	90.13±113.66	32.68	499.00
	札达县	20 份	61.29±59.27	23.91	264.52
	小计	37 份	75.71±86.47	23.91	499.00
合计		564 份	168.12±146.69	19.03	2 198.94

如表 7-5 所示，产自拉萨市堆龙德庆区、达孜区、林周县、尼木县、曲水县、墨竹工卡县 6 个县（区）青稞铁元素含量由高到低顺序为：达孜区（233.79 mg/kg）>墨竹工卡县（229.13 mg/kg）>林周县（202.52 mg/kg）>曲水县（180.53 mg/kg）>尼木县（111.19 mg/kg）>堆龙德庆区（76.48 mg/kg）。

产自日喀则市桑珠孜区、江孜县、白朗县、康马县、吉隆县 5 个县（区）青稞铁元素含量由高到低顺序为：康马县（190.12 mg/kg）>江孜县（148.64 mg/kg）>白朗县（134.10 mg/kg）>桑珠孜区（131.62 mg/kg）>吉隆县（72.69 mg/kg）。

产自山南市乃东区、扎囊县、贡嘎县、桑日县、琼结县、隆子县 6 个

县（区）青稞铁元素含量由高到低顺序为：隆子县（396.35 mg/kg）>桑日县（377.40 mg/kg）>乃东区（300.63 mg/kg）>扎囊县（233.72 mg/kg）>贡嘎县（174.25 mg/kg）>琼结县（111.20 mg/kg）。

产自林芝市巴宜区、工布江达县、米林县（米林市）、朗县4个县（市、区）青稞铁元素含量由高到低顺序为：朗县（149.84 mg/kg）>米林县（米林市）（135.56 mg/kg）>巴宜区（85.87 mg/kg）>工布江达县（45.54 mg/kg）。

产自昌都市卡若区、贡觉县、察雅县、八宿县、左贡县、芒康县、洛隆县、边坝县8个县（区）青稞铁元素含量由高到低顺序为：左贡县（304.18 mg/kg）>芒康县（209.83 mg/kg）>边坝县（198.54 mg/kg）>洛隆县（165.02 mg/kg）>察雅县（160.45 mg/kg）>贡觉县（117.42 mg/kg）>八宿县（113.74 mg/kg）>卡若区（69.91 mg/kg）。

产自阿里地区普兰县、札达县2个县青稞铁元素含量由高到低顺序为：普兰县（90.13 mg/kg）>札达县（61.29 mg/kg）。

拉萨市堆龙德庆区、达孜区、林周县、尼木县、曲水县、墨竹工卡县6个县（区）124份青稞，日喀则市桑珠孜区、江孜县、白朗县、康马县、吉隆县5个县（区）122份青稞，山南市乃东区、扎囊县、贡嘎县、桑日县、琼结县、隆子县6个县（区）青稞103份青稞，林芝市巴宜区、工布江达县、米林县（米林市）、朗县4个县（市、区）79份青稞，昌都市卡若区、贡觉县、察雅县、八宿县、左贡县、芒康县、洛隆县、边坝县8个县（区）99份青稞，阿里地区普兰县、札达县2个县37份青稞锰元素含量情况，见表7-6。

表7-6　各地市及其县（市、区）青稞锰元素含量　单位：mg/kg

地市	县（市、区）	样品数量	均值	极小值	极大值
拉萨市	堆龙德庆区	4份	18.55±3.07	15.38	22.03
	达孜区	19份	51.34±37.08	13.67	107.75
	林周县	34份	45.84±37.89	11.19	108.88
	尼木县	23份	18.45±5.26	9.65	33.64
	曲水县	12份	65.53±44.38	11.32	115.69
	墨竹工卡县	32份	59.84±45.62	11.68	129.39
	小计	124份	43.26±28.88	9.65	129.39

（续表）

地市	县（市、区）	样品数量	均值	极小值	极大值
日喀则市	桑珠孜区	11 份	26.90±21.02	15.72	70.22
	江孜县	49 份	30.35±21.25	14.42	73.56
	白朗县	41 份	39.56±31.57	13.95	115.29
	康马县	19 份	45.98±19.71	13.05	64.90
	吉隆县	2 份	17.12±1.61	15.98	18.25
	小计	122 份	31.98±19.03	13.05	115.29
山南市	乃东区	16 份	59.72±60.79	11.58	170.94
	扎囊县	23 份	69.85±56.67	8.28	149.57
	贡嘎县	43 份	49.93±43.26	12.97	126.49
	桑日县	11 份	103.44±37.42	67.90	196.64
	隆子县	8 份	94.26±51.38	10.73	130.36
	琼结县	2 份	18.45±1.23	17.58	19.32
	小计	103 份	65.94±41.79	8.28	196.64
林芝市	巴宜区	24 份	27.16±27.40	7.30	89.99
	工布江达县	26 份	14.79±3.80	9.40	20.35
	米林县（米林市）	14 份	41.47±29.79	13.66	100.07
	朗县	15 份	52.19±35.18	12.79	107.36
	合计	79 份	33.90±24.04	7.30	107.36
昌都市	卡若区	4 份	19.92±2.49	17.69	23.16
	左贡县	29 份	41.63±40.06	10.86	130.44
	察雅县	13 份	54.28±40.10	18.08	112.55
	芒康县	16 份	43.62±44.03	10.96	169.48
	洛隆县	22 份	33.82±25.34	12.25	75.24
	边坝县	12 份	30.89±30.85	9.79	84.85
	八宿县	2 份	126.00±150.54	19.55	232.44
	贡觉县	1 份	19.57		
	小计	99 份	46.22±47.63	9.79	232.44

（续表）

地市	县（市、区）	样品数量	均值	极小值	极大值
阿里地区	普兰县	17 份	12.67±4.26	6.68	20.73
	札达县	20 份	11.35±2.22	7.35	14.80
	小计	37 份	12.01±3.24	6.68	20.73
合计		564 份	43.37±31.84	6.68	232.44

如表 7-6 所示，产自拉萨市堆龙德庆区、达孜区、林周县、尼木县、曲水县、墨竹工卡县 6 个县（区）青稞锰元素含量由高到低顺序为：曲水县（65.53 mg/kg）>墨竹工卡县（59.84 mg/kg）>达孜区（51.34 mg/kg）>林周县（45.84 mg/kg）>堆龙德庆区（18.55 mg/kg）>尼木县（18.45 mg/kg）。

产自日喀则市桑珠孜区、江孜县、白朗县、康马县、吉隆县 5 个县（区）青稞锰元素含量由高到低顺序为：康马县（45.98 mg/kg）>白朗县（39.56 mg/kg）>江孜县（30.35 mg/kg）>桑珠孜区（26.90 mg/kg）>吉隆县（17.12 mg/kg）。

产自山南市乃东区、扎囊县、贡嘎县、桑日县、琼结县、隆子县 6 个县（区）青稞锰元素含量由高到低顺序为：桑日县（103.44 mg/kg）>隆子县（94.26 mg/kg）>扎囊县（69.85 mg/kg）>乃东区（59.72 mg/kg）>贡嘎县（49.93 mg/kg）>琼结县（18.45 mg/kg）。

产自林芝市巴宜区、工布江达县、米林县（米林市）、朗县 4 个县（市、区）青稞锰元素含量由高到低顺序为：朗县（52.19 mg/kg）>米林县（米林市）（41.47 mg/kg）>巴宜区（27.16 mg/kg）>工布江达县（14.79 mg/kg）。

产自昌都市卡若区、贡觉县、察雅县、八宿县、左贡县、芒康县、洛隆县、边坝县 8 个县（区）青稞锰元素含量由高到低顺序为：八宿县（126.00 mg/kg）>察雅县（54.28 mg/kg）>芒康县（43.62 mg/kg）>左贡县（41.63 mg/kg）>洛隆县（33.82 mg/kg）>边坝县（30.89 mg/kg）>卡若区（19.92 mg/kg）>贡觉县（19.57 mg/kg）。

产自阿里地区普兰县、札达县 2 个县青稞锰元素含量由高到低顺序为：普兰县（12.67 mg/kg）>札达县（11.35 mg/kg）。

拉萨市堆龙德庆区、达孜区、林周县、尼木县、曲水县、墨竹工卡县6个县（区）124份青稞，日喀则市桑珠孜区、江孜县、白朗县、康马县、吉隆县5个县（区）122份青稞，山南市乃东区、扎囊县、贡嘎县、桑日县、琼结县、隆子县6个县（区）青稞103份青稞，林芝市巴宜区、工布江达县、米林县（米林市）、朗县4个县（市、区）79份青稞，昌都市卡若区、贡觉县、察雅县、八宿县、左贡县、芒康县、洛隆县、边坝县8个县（区）99份青稞，阿里地区普兰县、札达县2个县37份青稞铜元素含量情况，见表7-7。

表7-7 各地市及其县（市、区）青稞铜元素含量 单位：mg/kg

地市	县（市、区）	样品数量	均值	极小值	极大值
拉萨市	堆龙德庆区	4份	8.35±3.71	5.08	12.45
	达孜区	19份	5.50±2.93	2.99	13.51
	林周县	34份	5.20±1.00	3.63	6.78
	尼木县	23份	5.38±2.53	2.82	14.75
	曲水县	12份	6.03±2.48	3.75	11.76
	墨竹工卡县	32份	5.95±2.29	3.17	12.81
	小计	124份	6.07±2.49	2.82	14.75
日喀则市	桑珠孜区	11份	5.85±1.19	3.24	7.27
	江孜县	49份	4.73±1.19	2.74	9.06
	白朗县	41份	4.64±1.19	1.64	6.53
	康马县	19份	3.41±0.91	2.12	5.52
	吉隆县	2份	6.34±0.03	6.32	6.36
	小计	122份	4.99±0.90	1.64	9.06
山南市	乃东区	16份	6.29±2.35	3.20	10.36
	扎囊县	23份	6.11±2.22	1.56	9.41
	贡嘎县	43份	6.56±3.28	3.93	24.64
	桑日县	11份	5.99±1.93	3.59	8.86
	隆子县	8份	6.29±2.30	3.20	9.14
	琼结县	2份	4.79±0.13	4.69	4.88
	小计	103份	6.01±2.04	1.56	24.64

（续表）

地市	县（市、区）	样品数量	均值	极小值	极大值
林芝市	巴宜区	24 份	5.43±2.90	2.50	13.59
	工布江达县	26 份	5.95±2.39	3.57	12.58
	米林县（米林市）	14 份	4.42±2.57	1.39	11.15
	朗县	15 份	3.58±0.69	2.47	4.50
	小计	79 份	4.85±2.14	1.39	13.59
昌都市	卡若区	4 份	6.22±0.83	5.17	7.19
	左贡县	29 份	3.20±1.57	1.44	7.33
	察雅县	13 份	4.48±1.18	3.56	8.14
	芒康县	16 份	3.63±1.03	1.44	5.51
	洛隆县	22 份	3.28±1.71	1.76	8.35
	边坝县	12 份	5.17±5.88	2.15	23.70
	八宿县	2 份	11.32±2.86	9.29	13.34
	贡觉县	1 份	9.78		
	小计	99 份	5.89±2.15	1.44	23.70
阿里地区	普兰县	17 份	5.28±3.94	1.49	18.96
	札达县	20 份	3.94±1.12	2.51	6.70
	小计	37 份	4.61±2.53	1.49	18.96
合计		564 份	5.58±2.01	1.39	24.64

如表 7-7 所示，产自拉萨市堆龙德庆区、达孜区、林周县、尼木县、曲水县、墨竹工卡县 6 个县（区）青稞铜元素含量由高到低顺序为：堆龙德庆区（8.35 mg/kg）>曲水县（6.03 mg/kg）>墨竹工卡县（5.95 mg/kg）>达孜区（5.50 mg/kg）>尼木县（5.38 mg/kg）>林周县（5.20 mg/kg）。

产自日喀则市桑珠孜区、江孜县、白朗县、康马县、吉隆县 5 个县（区）青稞铜元素含量由高到低顺序为：吉隆县（6.34 mg/kg）>桑珠孜区（5.85 mg/kg）>江孜县（4.73 mg/kg）>白朗县（4.64 mg/kg）>康马县（3.41 mg/kg）。

产自山南市乃东区、扎囊县、贡嘎县、桑日县、琼结县、隆子县 6 个

县（区）青稞铜元素含量由高到低顺序为：贡嘎县（6.56 mg/kg）>隆子县、乃东区（6.29 mg/kg）>扎囊县（6.11 mg/kg）>桑日县（5.99 mg/kg）>琼结县（4.79 mg/kg）。

产自林芝市巴宜区、工布江达县、米林县（米林市）、朗县县4个县（市、区）青稞铜元素含量由高到低顺序为：工布江达县（5.95 mg/kg）>巴宜区（5.43 mg/kg）>米林县（米林市）（4.42 mg/kg）>朗县（3.58 mg/kg）。

产自昌都市卡若区、贡觉县、察雅县、八宿县、左贡县、芒康县、洛隆县、边坝县8个县（区）青稞铜元素含量由高到低顺序为：八宿县（11.32 mg/kg）>贡觉县（9.78 mg/kg）>卡若区（6.22 mg/kg）>边坝县（5.17 mg/kg）>察雅县（4.48 mg/kg）>芒康县（3.63 mg/kg）>洛隆县（3.28 mg/kg）>左贡县（3.20 mg/kg）。

产自阿里地区普兰县、札达县2个县青稞铜元素含量由高到低顺序为：普兰县（5.28 mg/kg）>札达县（3.94 mg/kg）。

拉萨市堆龙德庆区、达孜区、林周县、尼木县、曲水县、墨竹工卡县6个县（区）124份青稞，日喀则市桑珠孜区、江孜县、白朗县、康马县、吉隆县5个县（区）122份青稞，山南市乃东区、扎囊县、贡嘎县、桑日县、琼结县、隆子县6个县（区）青稞103份青稞，林芝市巴宜区、工布江达县、米林县（米林市）、朗县4个县（市、区）79份青稞，昌都市卡若区、贡觉县、察雅县、八宿县、左贡县、芒康县、洛隆县、边坝县8个县（区）99份青稞，阿里地区普兰县、札达县2个县37份青稞锌元素含量情况，见表7-8。

表7-8 各地市及其县（市、区）青稞锌元素含量 单位：mg/kg

地市	县（市、区）	样品数量	均值	极小值	极大值
拉萨市	堆龙德庆区	4份	63.53±38.72	26.52	109.31
	达孜区	19份	27.01±23.06	13.38	113.08
	林周县	34份	23.45±3.92	17.57	30.92
	尼木县	23份	27.91±16.91	13.80	87.56
	曲水县	12份	35.59±32.43	15.07	130.66
	墨竹工卡县	32份	28.14±13.24	16.03	75.34
	小计	124份	34.27±21.38	13.38	130.66

（续表）

地市	县（市、区）	样品数量	均值	极小值	极大值
日喀则市	桑珠孜区	11 份	21.32±3.00	16.39	27.83
	江孜县	49 份	18.25±5.30	11.57	33.35
	白朗县	41 份	20.52±11.30	10.49	62.86
	康马县	19 份	18.91±5.98	11.63	31.61
	吉隆县	2 份	32.58±3.13	30.36	34.79
	小计	122 份	22.32±5.74	10.49	62.86
山南市	乃东区	16 份	27.95±10.02	12.70	45.13
	扎囊县	23 份	26.58±7.51	9.90	39.90
	贡嘎县	43 份	27.65±16.74	13.43	121.75
	桑日县	11 份	43.73±42.59	17.80	162.21
	隆子县	8 份	26.01±6.11	17.56	34.48
	琼结县	2 份	22.19±0.47	21.85	22.52
	小计	103 份	29.02±13.91	9.90	162.21
林芝市	巴宜区	24 份	37.55±34.18	11.83	122.68
	工布江达县	26 份	41.71±29.62	15.23	129.22
	米林县（米林市）	14 份	26.66±28.86	9.38	122.68
	朗县	15 份	15.38±4.06	10.41	25.00
	小计	79 份	30.33±24.18	9.38	129.22
昌都市	卡若区	4 份	51.64±17.17	36.88	75.88
	左贡县	29 份	21.88±14.63	11.05	87.98
	察雅县	13 份	29.28±16.93	21.67	84.99
	芒康县	16 份	22.76±7.13	13.22	40.31
	洛隆县	22 份	19.51±5.12	13.78	37.00
	边坝县	12 份	23.91±4.26	17.85	31.26
	八宿县	2 份	99.31±36.76	73.31	125.30
	贡觉县	1 份	58.71		
	小计	99 份	40.88±14.57	11.05	125.30

（续表）

地市	县（市、区）	样品数量	均值	极小值	极大值
阿里地区	普兰县	17 份	25.31±9.72	13.68	41.77
	札达县	20 份	17.93±7.55	11.59	42.44
	小计	37 份	21.62±8.64	11.59	42.44
合计		564 份	31.70±15.21	9.38	162.21

如表 7-8 所示，产自拉萨市堆龙德庆区、达孜区、林周县、尼木县、曲水县、墨竹工卡县 6 个县（区）青稞锌元素含量由高到低顺序为：堆龙德庆区（63.53 mg/kg）>曲水县（35.59 mg/kg）>墨竹工卡县（28.14 mg/kg）>尼木县（27.91 mg/kg）>达孜区（27.01 mg/kg）>林周县（23.45 mg/kg）。

产自日喀则市桑珠孜区、江孜县、白朗县、康马县、吉隆县 5 个县（区）青稞锌元素含量由高到低顺序为：吉隆县（32.58 mg/kg）>桑珠孜区（21.32 mg/kg）>白朗县（20.52 mg/kg）>康马县（18.91 mg/kg）>江孜县（18.25 mg/kg）。

产自山南市乃东区、扎囊县、贡嘎县、桑日县、琼结县、隆子县 6 个县（区）青稞锌元素含量由高到低顺序为：桑日县（43.73 mg/kg）>乃东区（27.95 mg/kg）>贡嘎县（27.65 mg/kg）>扎囊县（26.58 mg/kg）>隆子县（26.01 mg/kg）>琼结县（22.19 mg/kg）。

产自林芝市巴宜区、工布江达县、米林县（米林市）、朗县 4 个县（市、区）青稞锌元素含量由高到低顺序为：工布江达县（41.71 mg/kg）>巴宜区（37.55 mg/kg）>米林县（米林市）（26.66 mg/kg）>朗县（15.38 mg/kg）。

产自昌都市卡若区、贡觉县、察雅县、八宿县、左贡县、芒康县、洛隆县、边坝县 8 个县（区）青稞锌元素含量由高到低顺序为：八宿县（99.31 mg/kg）>贡觉县（58.71 mg/kg）>卡若区（51.64 mg/kg）>察雅县（29.28 mg/kg）>边坝县（23.91 mg/kg）>芒康县（22.76 mg/kg）>左贡县（21.88 mg/kg）>洛隆县（19.51 mg/kg）。

产自阿里地区普兰县、札达县 2 个县的青稞锌元素平均含量由高到低顺序为：普兰县（25.31 mg/kg）>札达县（17.93 mg/kg）。

7.3.4 不同品种青稞矿质元素含量

西藏不同品种 622 份青稞钾元素含量情况，见表 7-9。

表 7-9 不同品种青稞钾元素含量 单位：mg/kg

品种	地市	样品数量	均值	极小值	极大值
藏青 2000	拉萨市	62 份	5 430. 46±817. 52	3 764. 97	6 764. 17
	日喀则市	63 份	5 405. 53±1 184. 02	2 490. 65	7 321. 84
	山南市	43 份	5 889. 58±1 263. 87	2 880. 52	8 616. 25
	林芝市	30 份	5 948. 22±924. 44	3 912. 42	7 754. 43
	昌都市	34 份	5 693. 50±879. 20	2 427. 31	6 885. 81
	阿里地区	16 份	4 363. 57±496. 15	3 469. 14	5 261. 48
喜马拉 22	拉萨市	32 份	4 906. 14±731. 67	3 557. 96	6 804. 01
	日喀则市	15 份	4 063. 14±1 230. 40	2 436. 16	6 301. 64
	山南市	12 份	6 413. 01±1 627. 43	2 777. 13	8 552. 80
	林芝市	8 份	5 585. 42±1 233. 67	4 008. 15	7 500. 73
	昌都市	17 份	5 295. 49±524. 25	4 512. 53	6 587. 86
藏青 3000	拉萨市	1 份	5 877. 26		
	日喀则市	13 份	4 333. 82±1 208. 66	2 630. 84	6 693. 92
	山南市	16 份	5 726. 59±1 325. 85	4 377. 86	8 889. 33
	林芝市	28 份	6 083. 64±1 494. 44	3 439. 71	8 813. 24
	昌都市	1 份	5 000. 50		
喜马拉 19	日喀则市	6 份	5 755. 96±1 389. 77	4 471. 19	7 504. 50
	昌都市	3 份	5 561. 18±558. 34	5 058. 61	6 162. 20
	阿里地区	1 份	7 869. 50		
藏青 320	拉萨市	8 份	5 500. 33±942. 58	4 210. 53	7 028. 90
	日喀则市	15 份	4 549. 88±1 397. 59	2 900. 55	7 098. 14
	山南市	4 份	5 945. 16±1 018. 60	4 995. 80	7 155. 80
	林芝市	2 份	5 867. 30±1 563. 27	4 761. 90	6 972. 70
	昌都市	4 份	5 466. 31±605. 06	4 985. 34	6 351. 60
	阿里地区	2 份	6 471. 23±1 915. 23	5 116. 96	7 825. 50

（续表）

品种	地市	样品数量	均值	极小值	极大值
当地品种	拉萨市	1 份	5 127.73		
	山南市	4 份	6 315.56±1 492.80	4 551.12	8 889.33
	林芝市	3 份	6 001.47±1 444.57	3 439.71	8 813.24
	昌都市	10 份	5 593.79±1 106.81	4 233.08	8 301.52
	阿里地区	1 份	4 720.41		
藏青 17	日喀则市	12 份	4 443.38±1 132.67	2 896.06	5 586.02
喜马拉 23	日喀则市	9 份	4 468.21±1 180.94	2 890.97	5 394.87
冬青 18	山南市	6 份	6 309.78±1 852.41	4 551.12	8 889.33
	林芝市	28 份	6 083.64±1 494.44	3 439.71	8 813.24
黑青稞	拉萨市	5 份	6 538.18±1 318.33	4 790.94	8 090.90
	日喀则市	9 份	5 402.14±941.76	3 734.88	6 006.89
	山南市	12 份	7 303.70±1 203.81	4 224.77	8 424.81
	林芝市	3 份	6 767.34±1 200.95	5 394.27	7 622.08
	昌都市	19 份	6 082.02±492.05	4 602.97	7 225.43
蓝青稞	拉萨市	4 份	5 684.85±863.72	4 775.28	6 602.50
	日喀则市	11 份	4 841.11±1 526.59	2 681.95	8 236.40
	山南市	8 份	5 841.29±661.21	5 139.93	7 327.83
	林芝市	1 份	6 783.00		
	昌都市	15 份	5 401.25±439.84	4 469.42	6 066.50
	阿里地区	12 份	5 174.07±1 493.38	3 613.55	8 830.50
紫青稞	拉萨市	5 份	7 343.51±972.64	5 713.80	8 329.70
	山南市	1 份	5 929.06		
	昌都市	2 份	5 991.16±838.07	5 398.56	6 583.77
	阿里地区	5 份	5 256.12±417.54	2 681.95	8 830.77
合计		622 份	5 681.75±1 104.92	2 427.31	8 889.33

如表 7-9 所示，产自拉萨市、日喀则市、山南市、林芝市、昌都市、阿里地区 6 个地市藏青 2000 钾元素含量由高到低顺序为：林芝市（5 948.22 mg/kg）＞山南市（5 889.58 mg/kg）＞昌都市（5 693.50

mg/kg）>拉萨市（5 430.46 mg/kg）>日喀则市（5 405.53 mg/kg）>阿里地区（4 363.57 mg/kg）。

产自拉萨市、日喀则市、山南市、林芝市、昌都市5个地市喜马拉22钾元素含量由高到低顺序为：山南市（6 413.01 mg/kg）>林芝市（5 585.42 mg/kg）>昌都市（5 295.49 mg/kg）>拉萨市（4 906.14 mg/kg）>日喀则市（4 063.14 mg/kg）。

产自拉萨市、日喀则市、山南市、林芝市、昌都市5个地市藏青3000钾元素含量由高到低顺序为：林芝市（6 083.64 mg/kg）>拉萨市（5 877.26 mg/kg）>山南市（5 726.59 mg/kg）>昌都市（5 000.50 mg/kg）>日喀则市（4 333.82 mg/kg）。

产自日喀则市、昌都市、阿里地区3个地市喜马拉19钾元素含量由高到低顺序为：阿里地区（7 869.50 mg/kg）>日喀则市（5 755.96 mg/kg）>昌都市（5 561.18 mg/kg）。

产自拉萨市、日喀则市、山南市、林芝市、昌都市、阿里地区6个地市藏青320钾元素含量由高到低顺序为：阿里地区（6 471.23 mg/kg）>山南市（5 945.16 mg/kg）>林芝市（5 867.30 mg/kg）>拉萨市（5 500.33 mg/kg）>昌都市（5 466.31 mg/kg）>日喀则市（4 549.88 mg/kg）。

产自拉萨市、山南市、林芝市、昌都市、阿里地区5个地市当地品种钾元素含量由高到低顺序为：山南市（6 315.56 mg/kg）>林芝市（6 001.47 mg/kg）>昌都市（5 593.79 mg/kg）>拉萨市（5 127.73 mg/kg）>阿里地区（4 720.41 mg/kg）。

产自日喀则市藏青17钾元素含量4 443.38 mg/kg。

产自日喀则市喜马拉23钾元素含量4 468.21 mg/kg。

产自山南市、林芝市2个地市的青稞冬青18钾元素含量由高到低顺序为：山南市（6 309.78 mg/kg）>林芝市（6 083.64 mg/kg）。

产自拉萨市、日喀则市、山南市、林芝市、昌都市5个地市黑青稞钾元素含量由高到低顺序为：山南市（7 303.70 mg/kg）>林芝市（6 767.34 mg/kg）>拉萨市（6 538.18 mg/kg）>昌都市（6 082.02 mg/kg）>日喀则市（5 402.14 mg/kg）。

产自拉萨市、日喀则市、山南市、林芝市、昌都市、阿里地区6个地市蓝青稞钾元素含量由高到低顺序为：林芝市（6 783.00 mg/kg）>山南市（5 841. 29 mg/kg）>拉萨市（5 684. 85 mg/kg）>昌都市（5 401. 25 mg/kg）>阿里地区（5 174. 07 mg/kg）>日喀则市（4 841. 11 mg/kg）。

产自拉萨市、山南市、昌都市、阿里地区 4 个地市紫青稞钾元素含量由高到低顺序为：拉萨市（7 343. 51 mg/kg）>昌都市（5 991. 16 mg/kg）>山南市（5 929. 06 mg/kg）>阿里地区（5 256. 12 mg/kg）。

西藏不同品种 622 份青稞钙元素含量情况，见表 7-10。

表 7-10　不同品种青稞钙元素含量　　单位：mg/kg

品种	地市	样品数量	均值	极小值	极大值
藏青 2000	拉萨市	62 份	581. 37±113. 42	365. 60	943. 03
	日喀则市	63 份	549. 88±319. 19	197. 59	2 834. 36
	山南市	43 份	517. 70±288. 86	97. 53	1 078. 56
	林芝市	30 份	265. 48±185. 01	13. 19	692. 64
	昌都市	34 份	523. 97±226. 25	268. 28	1 239. 11
	阿里地区	16 份	302. 00±203. 79	100. 39	790. 82
喜马拉 22	拉萨市	32 份	607. 24±82. 81	429. 21	753. 91
	日喀则市	15 份	571. 90±77. 82	350. 87	682. 60
	山南市	12 份	700. 55±311. 72	258. 21	1 406. 66
	林芝市	8 份	384. 73±292. 20	55. 35	824. 28
	昌都市	17 份	479. 55±72. 20	313. 87	615. 07
藏青 3000	拉萨市	1 份	590. 61		
	日喀则市	13 份	658. 43±163. 06	407. 84	935. 14
	山南市	16 份	709. 62±198. 15	454. 51	1 044. 71
	林芝市	28 份	521. 03±110. 61	360. 78	896. 10
	昌都市	1 份	466. 92		
喜马拉 19	日喀则市	6 份	538. 84±32. 17	484. 06	578. 59
	昌都市	3 份	493. 17±110. 32	414. 52	619. 28
	阿里地区	1 份	962. 74		

（续表）

品种	地市	样品数量	均值	极小值	极大值
藏青 320	拉萨市	8 份	581. 16±194. 06	417. 26	995. 75
	日喀则市	15 份	489. 00±86. 91	287. 39	653. 34
	山南市	4 份	529. 24±170. 53	292. 98	677. 84
	林芝市	2 份	193. 50±263. 92	6. 88	380. 12
	昌都市	4 份	615. 11±134. 14	500. 86	801. 56
	阿里地区	2 份	498. 08±288. 03	294. 41	701. 75
当地品种	拉萨市	1 份	784. 95		
	山南市	4 份	768. 14±193. 17	419. 36	1 044. 71
	林芝市	3 份	509. 71±115. 17	262. 13	896. 10
	昌都市	10 份	459. 78±120. 44	244. 93	635. 33
	阿里地区	1 份	705. 40		
藏青 17	日喀则市	12 份	629. 36±88. 44	408. 85	760. 64
喜马拉 23	日喀则市	9 份	415. 53±95. 51	324. 00	553. 05
冬青 18	山南市	6 份	646. 88±122. 02	474. 89	789. 93
	林芝市	28 份	521. 03±110. 61	360. 78	896. 10
黑青稞	拉萨市	5 份	722. 20±240. 14	563. 34	1 145. 47
	日喀则市	9 份	696. 31±106. 70	543. 88	887. 05
	山南市	12 份	769. 28±176. 65	479. 90	1061. 80
	林芝市	3 份	499. 07±23. 96	475. 10	523. 03
	昌都市	19 份	482. 86±123. 49	256. 24	638. 14
蓝青稞	拉萨市	4 份	548. 23±108. 62	433. 75	646. 07
	日喀则市	11 份	455. 48±37. 93	399. 16	534. 42
	山南市	8 份	705. 24±194. 36	396. 54	892. 43
	林芝市	1 份	86. 51		
	昌都市	15 份	458. 01±123. 43	271. 67	654. 30
	阿里地区	12 份	418. 64±323. 11	132. 65	1 070. 26

（续表）

品种	地市	样品数量	均值	极小值	极大值
紫青稞	拉萨市	5 份	569.41±197.62	431.25	915.71
	山南市	1 份	473.80		
	昌都市	2 份	248.72±79.40	192.57	304.86
	阿里地区	5 份	598.41±356.28	250.43	1 111.26
合计		622 份	540.91±163.39	6.88	2 834.36

如表 7-10 所示，产自拉萨市、日喀则市、山南市、林芝市、昌都市、阿里地区 6 个地市藏青 2000 钙元素含量由高到低顺序为：拉萨市（581.37 mg/kg）>日喀则市（549.88 mg/kg）>昌都市（523.97 mg/kg）>山南市（517.70 mg/kg）>阿里地区（302.00 mg/kg）>林芝市（265.48 mg/kg）。

产自拉萨市、日喀则市、山南市、林芝市、昌都市 5 个地市喜马拉 22 钙元素含量由高到低顺序为：山南市（700.55 mg/kg）>拉萨市（607.24 mg/kg）>日喀则市（571.90 mg/kg）>昌都市（479.55 mg/kg）>林芝市（384.73 mg/kg）。

产自拉萨市、日喀则市、山南市、林芝市、昌都市 5 个地市藏青 3000 钙元素含量由高到低顺序为：山南市（709.62 mg/kg）>日喀则市（658.43 mg/kg）>拉萨市（590.61 mg/kg）>林芝市（521.03 mg/kg）>昌都市（466.92 mg/kg）。

产自日喀则市、昌都市、阿里地区 3 个地市喜马拉 19 钙元素含量由高到低顺序为：阿里（962.74 mg/kg）>日喀则市（538.84 mg/kg）>昌都市（493.17 mg/kg）。

产自拉萨市、日喀则市、山南市、林芝市、昌都市、阿里地区 6 个地市藏青 320 钙元素含量由高到低顺序为：昌都市（615.11 mg/kg）>拉萨市（581.16 mg/kg）>山南市（529.24 mg/kg）>阿里地区（498.08 mg/kg）>日喀则市（489.00 mg/kg）>林芝市（193.50 mg/kg）。

产自拉萨市、山南市、林芝市、昌都市、阿里地区 5 个地市当地品种钙元素含量由高到低顺序为：拉萨市（784.95 mg/kg）>山南市（768.14 mg/kg）>阿里地区（705.40 mg/kg）>林芝市（509.71 mg/kg）>昌都市

（459. 78 mg/kg）。

产自日喀则市藏青 17 钙元素含量为 629. 36 mg/kg。

产自日喀则市喜马拉 23 钙元素含量为 415. 53 mg/kg。

产自山南市、林芝市 2 个地市冬青 18 钙元素含量由高到低顺序为：山南市（646. 88 mg/kg）>林芝市（521. 03 mg/kg）。

产自拉萨市、日喀则市、山南市、林芝市、昌都市 5 个地市黑青稞钙元素含量由高到低顺序为：山南市（769. 28 mg/kg）>拉萨市（722. 20 mg/kg）>日喀则市（696. 31 mg/kg）>林芝市（499. 07 mg/kg）>昌都市（482. 86 mg/kg）。

产自拉萨市、日喀则市、山南市、林芝市、昌都市、阿里地区 6 个地市蓝青稞钙元素含量由高到低顺序为：山南市（705. 24 mg/kg）>拉萨市（548. 23 mg/kg）>昌都市（458. 01 mg/kg）>日喀则市（455. 48 mg/kg）>阿里地区（418. 64 mg/kg）>林芝市（86. 51 mg/kg）。

产自拉萨市、山南市、昌都市、阿里地区 4 个地市紫青稞钙元素含量由高到低顺序为：阿里地区（598. 41 mg/kg）>拉萨市（569. 41 mg/kg）>山南市（473. 80 mg/kg）>昌都市（248. 72 mg/kg）。

西藏不同品种 622 份青稞镁元素含量情况，见表 7-11。

表 7-11　不同品种青稞镁元素含量　　单位：mg/kg

品种	地市	样品数量	均值	极小值	极大值
藏青 2000	拉萨市	62 份	1 403. 80±297. 63	984. 26	2 092. 30
	日喀则市	63 份	1 147. 81±186. 22	753. 98	1 880. 52
	山南市	43 份	1 393. 25±507. 46	799. 30	2 402. 89
	林芝市	30 份	1 208. 38±338. 20	570. 85	1 617. 10
	昌都市	34 份	1 244. 85±234. 60	963. 05	2 227. 83
	阿里地区	16 份	740. 18±144. 45	537. 33	1 187. 82
喜马拉 22	拉萨市	32 份	1 288. 89±246. 19	906. 22	1 704. 82
	日喀则市	15 份	1 126. 08±89. 30	955. 96	1 294. 35
	山南市	12 份	1 555. 03±486. 35	991. 42	2 352. 85
	林芝市	8 份	1 017. 96±303. 96	644. 44	1 493. 68
	昌都市	17 份	1 331. 66±361. 71	964. 97	2 004. 81

（续表）

品种	地市	样品数量	均值	极小值	极大值
藏青 3000	拉萨市	1 份	1 554.07		
	日喀则市	13 份	1 301.59±254.36	1 061.65	2 026.53
	山南市	16 份	1 575.72±488.30	1 075.28	2 485.56
	林芝市	28 份	1 541.54±370.70	968.85	2 131.38
	昌都市	1 份	1 311.10		
喜马拉 19	日喀则市	6 份	1 226.00±330.81	955.06	1 829.67
	昌都市	3 份	1 169.68±93.29	1 115.04	1 277.40
	阿里地区	1 份	1 463.50		
藏青 320	拉萨市	8 份	1 139.28±161.74	939.27	1 355.70
	日喀则市	15 份	1 104.52±146.02	735.46	1 309.46
	山南市	4 份	1 219.68±123.76	1 126.71	1 400.90
	林芝市	2 份	1 012.78±357.63	759.90	1 265.66
	昌都市	4 份	1 213.81±153.64	1 031.28	1 354.30
	阿里地区	2 份	1 313.17±395.04	1 033.83	1 592.50
当地品种	拉萨市	1 份	1 893.02		
	山南市	4 份	1 840.20±491.22	1 075.28	2 485.56
	林芝市	3 份	1 512.80±363.94	968.85	2 131.38
	昌都市	10 份	1 688.80±538.65	874.62	2 956.47
	阿里地区	1 份	1 327.94		
藏青 17	日喀则市	12 份	1 171.02±255.14	984.84	1 709.46
喜马拉 23	日喀则市	9 份	1 183.35±60.79	1 111.00	1 277.54
冬青 18	山南市	6 份	1 640.27±593.08	1 075.28	2 485.56
	林芝市	28 份	1 541.54±370.70	968.85	2 131.38
黑青稞	拉萨市	5 份	1 540.45±251.61	1 132.40	1 754.25
	日喀则市	9 份	1 193.68±37.00	1 144.13	1 247.34
	山南市	12 份	2 032.28±478.43	1 041.84	2 559.11
	林芝市	3 份	1 930.84±293.35	1 596.52	2 145.16
	昌都市	19 份	1 388.02±294.97	1 066.84	1 931.12

（续表）

品种	地市	样品数量	均值	极小值	极大值
蓝青稞	拉萨市	4 份	1 191. 54±154. 18	1 028. 09	1 397. 50
	日喀则市	11 份	1 205. 26±152. 29	1 067. 52	1 623. 60
	山南市	8 份	1 656. 68±419. 61	1 128. 66	2 301. 69
	林芝市	1 份	731. 58		
	昌都市	15 份	1 652. 87±285. 26	1 086. 54	1 985. 77
	阿里地区	12 份	925. 90±359. 06	590. 44	1 740. 10
紫青稞	拉萨市	5 份	1 337. 02±147. 04	1 175. 81	1 572. 00
	山南市	1 份	1 000. 53		
	昌都市	2 份	1 104. 77±45. 80	1 072. 39	1 137. 15
	阿里地区	5 份	1 036. 07±249. 12	801. 56	1 425. 80
合计		622 份	1 333. 28±283. 63	537. 33	2 956. 47

如表 7-11 所示，产自拉萨市、日喀则市、山南市、林芝市、昌都市、阿里地区 6 个地市藏青 2000 镁元素含量由高到低顺序为：拉萨市（1 403. 80 mg/kg）>山南市（1 393. 25 mg/kg）>昌都市（1 244. 85 mg/kg）>林芝市（1 208. 38 mg/kg）>日喀则市（1 147. 81 mg/kg）>阿里地区（740. 18 mg/kg）。

产自拉萨市、日喀则市、山南市、林芝市、昌都市 5 个地市喜马拉 22 镁元素含量由高到低顺序为：山南市（1 555. 03 mg/kg）>昌都市（1 331. 66 mg/kg）>拉萨市（1 288. 89 mg/kg）>日喀则市（1 126. 08 mg/kg）>林芝市（1 017. 96 mg/kg）。

产自拉萨市、日喀则市、山南市、林芝市、昌都市 5 个地市藏青 3000 镁元素含量由高到低顺序为：山南市（1 575. 72 mg/kg）>拉萨市（1 554. 07 mg/kg）>林芝市（1 541. 54 mg/kg）>昌都市（1 311. 10 mg/kg）>日喀则市（1 301. 59 mg/kg）。

产自日喀则市、昌都市、阿里地区 3 个地市喜马拉 19 镁元素含量由高到低顺序为：阿里地区（1 463. 50 mg/kg）>日喀则市（1 226. 00 mg/kg）>昌都市（1 169. 68 mg/kg）。

产自拉萨市、日喀则市、山南市、林芝市、昌都市、阿里地区 6 个地市藏青 320 镁元素含量由高到低顺序为：阿里地区（1 313.17 mg/kg）>山南市（1 219.68 mg/kg）>昌都市（1 213.81 mg/kg）>拉萨市（1 139.28 mg/kg）>日喀则市（1 104.52 mg/kg）>林芝市（1 012.78 mg/kg）。

产自拉萨市、山南市、林芝市、昌都市、阿里地区 5 个地市当地品种镁元素含量由高到低顺序为：拉萨市（1 893.02 mg/kg）>山南市（1 840.20 mg/kg）>昌都市（1 688.80 mg/kg）>林芝市（1 512.80 mg/kg）>阿里地区（1 327.94 mg/kg）。

产自日喀则市藏青 17 镁元素含量为 1 171.02 mg/kg。

产自日喀则市喜马拉 23 镁元素含量为 1 183.35 mg/kg。

产自山南市、林芝市 2 个地市冬青 18 镁元素含量由高到低顺序为：山南市（1 640.27 mg/kg）>林芝市（1 541.54 mg/kg）。

产自拉萨市、日喀则市、山南市、林芝市、昌都市 5 个地市黑青稞镁元素含量由高到低顺序为：山南市（2 032.28 mg/kg）>林芝市（1 903.84 mg/kg）>拉萨市（1 540.45 mg/kg）>昌都市（1 388.02 mg/kg）>日喀则市（1 193.68 mg/kg）。

产自拉萨市、日喀则市、山南市、林芝市、昌都市、阿里地区 6 个地市蓝青稞镁元素含量由高到低顺序为：山南市（1 656.68 mg/kg）>昌都市（1 652.87 mg/kg）>日喀则市（1 205.26 mg/kg）>拉萨市（1 191.54 mg/kg）>阿里地区（925.90 mg/kg）>林芝市（731.58 mg/kg）。

产自拉萨市、山南市、昌都市、阿里地区 4 个地市紫青稞镁元素含量由高到低顺序为：拉萨市（1 337.02 mg/kg）>昌都市（1 104.77 mg/kg）>阿里地区（1 036.07 mg/kg）>山南市（1 000.53 mg/kg）。

西藏不同品种 622 份青稞铁元素含量情况，见表 7-12。

表 7-12 不同品种青稞铁元素含量 单位：mg/kg

品种	地市	样品数量	均值	极小值	极大值
藏青 2000	拉萨市	62 份	211.83±196.53	29.53	748.26
	日喀则市	63 份	136.17±107.76	33.13	457.92
	山南市	43 份	171.67±156.00	25.57	712.06
	林芝市	30 份	42.24±24.83	20.65	116.88
	昌都市	34 份	151.23±247.68	19.03	1 183.93
	阿里地区	16 份	62.48±61.32	24.45	264.52

（续表）

品种	地市	样品数量	均值	极小值	极大值
喜马拉 22	拉萨市	32 份	209. 60±167. 24	33. 57	664. 83
	日喀则市	15 份	149. 51±82. 29	48. 69	327. 93
	山南市	12 份	246. 51±330. 81	38. 74	1 244. 47
	林芝市	8 份	78. 58±43. 85	29. 12	137. 46
	昌都市	17 份	270. 78±372. 02	24. 45	1 099. 97
藏青 3000	拉萨市	1 份	278. 28		
	日喀则市	13 份	115. 81±71. 81	50. 24	239. 03
	山南市	16 份	212. 80±231. 22	34. 57	811. 94
	林芝市	28 份	142. 43±101. 69	28. 82	464. 71
	昌都市	1 份	71. 52		
喜马拉 19	日喀则市	6 份	100. 05±86. 67	37. 77	271. 25
	昌都市	3 份	106. 10±5. 23	102. 83	112. 13
	阿里地区	1 份	148. 33		
藏青 320	拉萨市	8 份	79. 90±83. 80	29. 03	283. 59
	日喀则市	15 份	140. 01±109. 79	32. 41	358. 45
	山南市	4 份	88. 34±73. 66	28. 10	193. 25
	林芝市	2 份	76. 82±56. 77	36. 68	116. 96
	昌都市	4 份	148. 97±41. 47	99. 69	201. 16
	阿里地区	2 份	86. 51±70. 30	26. 40	168. 72
当地品种	拉萨市	1 份	275. 56		
	山南市	4 份	323. 37±224. 54	34. 57	811. 94
	林芝市	3 份	132. 98±100. 84	28. 82	464. 71
	昌都市	10 份	447. 89±631. 00	31. 18	2198. 94
	阿里地区	1 份	64. 30		
藏青 17	日喀则市	12 份	119. 67±1. 34	83. 43	212. 19
喜马拉 23	日喀则市	9 份	91. 10±33. 12	50. 04	139. 42
冬青 18	山南市	6 份	285. 00±302. 57	34. 57	811. 94
	林芝市	28 份	142. 43±101. 69	28. 82	464. 71

（续表）

品种	地市	样品数量	均值	极小值	极大值
黑青稞	拉萨市	5 份	187.69±131.13	26.72	338.56
	日喀则市	9 份	111.50±94.93	52.01	315.63
	山南市	12 份	435.64±298.24	30.21	1084.52
	林芝市	3 份	305.22±35.47	269.98	340.90
	昌都市	19 份	130.37±100.50	26.99	319.53
蓝青稞	拉萨市	4 份	83.76±34.34	45.29	128.07
	日喀则市	11 份	164.63±109.06	60.33	339.01
	山南市	8 份	298.14±183.52	29.97	513.97
	林芝市	1 份	27.59		
	昌都市	15 份	269.78±175.66	37.65	747.71
	阿里地区	12 份	82.75±132.32	23.91	499.00
紫青稞	拉萨市	5 份	74.73±35.780	37.63	133.36
	山南市	1 份	68.82		
	昌都市	2 份	32.75±0.34	32.50	32.99
	阿里地区	5 份	94.95±69.09	52.89	216.99
合计		622 份	158.72±131.39	19.03	2 198.94

如表 7-12 所示，产自拉萨市、日喀则市、山南市、林芝市、昌都市、阿里地区 6 个地市藏青 2000 铁元素含量由高到低顺序为：拉萨市（211.83 mg/kg）>山南市（171.67 mg/kg）>昌都市（151.23 mg/kg）>日喀则市（136.17 mg/kg）>阿里地区（62.48 mg/kg）>林芝市（42.24 mg/kg）。

产自拉萨市、日喀则市、山南市、林芝市、昌都市 5 个地市喜马拉 22 铁元素含量由高到低顺序为：昌都市（270.78 mg/kg）>山南市（246.51 mg/kg）>拉萨市（209.60 mg/kg）>日喀则市（149.51 mg/kg）>林芝市（78.58 mg/kg）。

产自拉萨市、日喀则市、山南市、林芝市、昌都市 5 个地市藏青 3000 铁元素含量由高到低顺序为：拉萨市（278.28 mg/kg）>山南市（212.80 mg/kg）>林芝市（142.43 mg/kg）>日喀则市（115.81

mg/kg）>昌都市（71.52 mg/kg）。

产自日喀则市、昌都市、阿里地区3个地市喜马拉19铁元素含量由高到低顺序为：阿里地区（148.33 mg/kg）>昌都市（106.10 mg/kg）>日喀则市（100.05 mg/kg）。

产自拉萨市、日喀则市、山南市、林芝市、昌都市、阿里地区6个地市藏青320铁元素含量由高到低顺序为：昌都市（148.97 mg/kg）>日喀则市（140.01 mg/kg）>山南市（88.34 mg/kg）>阿里地区（86.51 mg/kg）>拉萨市（79.90 mg/kg）>林芝市（76.82 mg/kg）。

产自拉萨市、山南市、林芝市、昌都市、阿里地区5个地市当地品种铁元素含量由高到低顺序为：昌都市（447.89 mg/kg）>山南市（323.37 mg/kg）>拉萨市（275.56 mg/kg）>林芝市（132.98 mg/kg）>阿里地区（64.30 mg/kg）。

产自日喀则市藏青17铁元素含量为119.67 mg/kg。

产自日喀则市喜马拉23铁元素含量为91.10 mg/kg。

产自山南市、林芝市2个地市冬青18铁元素含量由高到低顺序为：山南市（285.00 mg/kg）>林芝市（142.43 mg/kg）。

产自拉萨市、日喀则市、山南市、林芝市、昌都市5个地市黑青稞铁元素含量由高到低顺序为：山南市（435.64 mg/kg）>林芝市（305.22 mg/kg）>拉萨市（187.69 mg/kg）>昌都市（130.37 mg/kg）>日喀则市（111.50 mg/kg）。

产自拉萨市、日喀则市、山南市、林芝市、昌都市、阿里地区6个地市蓝青稞铁元素含量由高到低顺序为：山南市（298.14 mg/kg）>昌都市（269.78 mg/kg）>日喀则市（164.63 mg/kg）>拉萨市（83.76 mg/kg）>阿里地区（82.75 mg/kg）>林芝市（27.59 mg/kg）。

产自拉萨市、山南市、昌都市、阿里地区4个地市紫青稞铁元素含量由高到低顺序为：阿里地区（94.95 mg/kg）>拉萨市（74.73 mg/kg）>山南市（68.82 mg/kg）>昌都（32.75 mg/kg）。

西藏不同品种622份青稞锰元素含量情况，见表7-13。

表 7-13　不同品种青稞锰元素含量　单位：mg/kg

品种	地市	样品数量	均值	极小值	极大值
藏青 2000	拉萨市	62 份	48.89±40.88	11.68	123.22
	日喀则市	63 份	26.46±21.01	10.51	101.60
	山南市	43 份	46.42±48.40	8.28	149.57
	林芝市	30 份	14.25±4.25	7.30	21.99
	昌都市	34 份	33.26±46.16	9.86	232.44
	阿里地区	16 份	11.89±3.09	7.35	20.73
喜马拉 22	拉萨市	32 份	57.01±41.36	12.41	129.39
	日喀则市	15 份	37.83±23.88	13.95	66.77
	山南市	12 份	53.02±45.29	15.80	143.64
	林芝市	8 份	14.16±4.01	8.38	18.87
	昌都市	17 份	39.65±35.59	9.79	99.37
藏青 3000	拉萨市	1 份	86.81		
	日喀则市	13 份	43.69±35.72	15.27	115.29
	山南市	16 份	63.00±55.51	14.77	196.64
	林芝市	28 份	54.41±32.17	12.79	107.36
	昌都市	1 份	19.75		
喜马拉 19	日喀则市	6 份	28.78±29.33	15.98	88.64
	昌都市	3 份	18.25±1.6	17.02	20.05
	阿里地区	1 份	14.38		
藏青 320	拉萨市	8 份	16.28±3.32	11.32	21.14
	日喀则市	15 份	34.77±24.55	13.05	73.56
	山南市	4 份	17.10±5.32	10.73	23.09
	林芝市	2 份	12.63±4.58	9.40	15.87
	昌都市	4 份	22.74±2.16	19.55	24.26
	阿里地区	2 份	16.50±0.30	16.29	16.71

（续表）

品种	地市	样品数量	均值	极小值	极大值
当地品种	拉萨市	1份	94.32		
	山南市	4份	88.61±53.62	14.90	196.64
	林芝市	3份	50.61±32.73	12.75	107.36
	昌都市	10份	73.23±43.45	10.19	130.44
	阿里地区	1份	23.68		
藏青17	日喀则市	12份	42.40±30.806	14.02	90.91
喜马拉23	日喀则市	9份	28.18±20.90	13.48	56.70
冬青18	山南市	6份	73.64±69.44	18.97	196.64
	林芝市	28份	54.41±32.17	12.79	107.36
黑青稞	拉萨市	5份	59.08±38.21	12.40	93.85
	日喀则市	9份	22.94±14.02	14.18	49.52
	山南市	12份	108.80±47.62	11.71	170.94
	林芝市	3份	72.54±7.18	64.31	77.52
	昌都市	19份	47.00±40.32	13.18	112.55
蓝青稞	拉萨市	4份	14.50±3.32	9.65	16.71
	日喀则市	11份	35.70±23.83	16.96	69.85
	山南市	8份	73.76±38.07	16.80	119.67
	林芝市	1份	10.42		
	昌都市	15份	64.62±27.82	11.77	92.80
	阿里地区	12份	10.46±3.28	6.68	16.96
紫青稞	拉萨市	5份	16.74±4.55	11.19	21.28
	山南市	1份	13.76		
	昌都市	2份	12.19±1.73	10.96	13.41
	阿里地区	5份	13.80±3.31	9.60	18.05
合计		622份	39.54±24.88	6.68	232.44

如表7-13所示，产自拉萨市、日喀则市、山南市、林芝市、昌都市、阿里地区6个地市藏青2000锰元素含量由高到低顺序为：拉萨市（48.89 mg/kg）>山南市（46.42 mg/kg）>昌都市（33.26 mg/kg）>日喀则市

（26.46 mg/kg）>林芝市（14.25 mg/kg）>阿里地区（11.89 mg/kg）。

产自拉萨市、日喀则市、山南市、林芝市、昌都市5个地市喜马拉22锰元素含量由高到低顺序为：拉萨市（57.01 mg/kg）>山南市（53.02 mg/kg）>昌都市（39.65 mg/kg）>日喀则市（37.83 mg/kg）>林芝市（14.16 mg/kg）。

产自拉萨市、日喀则市、山南市、林芝市、昌都市5个地市藏青3000锰元素含量由高到低顺序为：拉萨市（86.81 mg/kg）>山南市（63.00 mg/kg）>林芝市（54.41 mg/kg）>日喀则市（43.69 mg/kg）>昌都市（19.75 mg/kg）。

产自日喀则市、昌都市、阿里3个地市喜马拉19锰元素含量由高到低顺序为：日喀则市（28.78 mg/kg）>昌都市（18.25 mg/kg）>阿里（14.38 mg/kg）。

产自拉萨市、日喀则市、山南市、林芝市、昌都市、阿里地区6个地市藏青320锰元素含量由高到低顺序为：日喀则市（34.77 mg/kg）>昌都市（22.74 mg/kg）>山南市（17.10 mg/kg）>阿里地区（16.50 mg/kg）>拉萨市（16.28 mg/kg）>林芝市（12.63 mg/kg）。

产自拉萨市、山南市、林芝市、昌都市、阿里地区5个地市当地品种锰元素含量由高到低顺序为：拉萨市（94.32 mg/kg）>山南市（88.61 mg/kg）>昌都市（73.23 mg/kg）>林芝市（50.61 mg/kg）>阿里地区（23.63 mg/kg）。

产自日喀则市藏青17锰元素含量为42.40 mg/kg。

产自日喀则市喜马拉23锰元素含量为28.18 mg/kg。

产自山南市、林芝市2个地市冬青18锰元素含量由高到低顺序为：山南市（73.64 mg/kg）>林芝市（54.41 mg/kg）。

产自拉萨市、日喀则市、山南市、林芝市、昌都市5个地市黑青稞锰元素含量由高到低顺序为：山南市（108.80 mg/kg）>林芝市（72.54 mg/kg）>拉萨市（59.08 mg/kg）>昌都市（47.00 mg/kg）>日喀则市（22.94 mg/kg）。

产自拉萨市、日喀则市、山南市、林芝市、昌都市、阿里地区6个地市蓝青稞锰元素含量由高到低顺序为：山南市（73.76 mg/kg）>昌都市（64.62 mg/kg）>日喀则市（35.70 mg/kg）>拉萨市（14.50 mg/kg）>阿里地区（10.46 mg/kg）>林芝市（10.42 mg/kg）。

产自拉萨市、山南市、昌都市、阿里地区 4 个地市紫青稞锰元素含量由高到低顺序为：拉萨市（16.74 mg/kg）>阿里地区（13.80 mg/kg）>山南市（13.76 mg/kg）>昌都市（12.19 mg/kg）。

西藏不同品种 622 份青稞铜元素含量情况，见表 7-14。

表 7-14　不同品种青稞铜元素含量　　单位：mg/kg

品种	地市	样品数量	均值	极小值	极大值
藏青 2000	拉萨市	62 份	5.54±1.71	2.99	12.45
	日喀则市	63 份	5.16±1.40	2.31	9.51
	山南市	43 份	6.12±3.40	1.56	24.64
	林芝市	30 份	5.78±2.16	3.08	12.55
	昌都市	34 份	5.39±4.31	1.44	23.70
	阿里地区	16 份	3.98±1.22	2.51	7.81
喜马拉 22	拉萨市	32 份	5.63±2.53	3.17	13.51
	日喀则市	15 份	4.43±1.59	2.77	9.06
	山南市	12 份	6.32±2.08	3.71	9.98
	林芝市	8 份	6.32±4.25	3.33	13.59
	昌都市	17 份	2.60±0.63	1.68	3.83
藏青 3000	拉萨市	1 份	3.88		
	日喀则市	13 份	4.77±0.81	3.17	5.78
	山南市	16 份	5.90±1.50	3.93	9.32
	林芝市	28 份	3.31±0.83	1.39	4.50
	昌都市	1 份	7.65		
喜马拉 19	日喀则市	6 份	4.72±0.85	4.19	6.36
	昌都市	3 份	4.42±0.96	3.39	5.30
	阿里地区	1 份	6.70		
藏青 320	拉萨市	8 份	7.16±3.01	4.20	11.80
	日喀则市	15 份	4.55±1.23	2.18	7.24
	山南市	4 份	6.45±4.44	3.20	13.01
	林芝市	2 份	6.73±3.48	4.27	9.19
	昌都市	4 份	7.51±2.33	4.75	9.59
	阿里地区	2 份	6.55±0.78	6.00	7.10

（续表）

品种	地市	样品数量	均值	极小值	极大值
当地品种	拉萨市	1份	6.83		
	山南市	4份	6.26±1.68	3.59	9.32
	林芝市	3份	3.36±0.89	1.39	4.68
	昌都市	10份	3.83±1.64	2.42	7.65
	阿里地区	1份	5.62		
藏青17	日喀则市	12份	3.81±1.34	1.64	5.21
喜马拉23	日喀则市	9份	3.97±0.19	3.81	4.37
冬青18	山南市	6份	5.95±1.68	3.93	7.97
	林芝市	28份	3.31±0.83	1.39	4.50
黑青稞	拉萨市	5份	6.85±2.91	4.02	11.76
	日喀则市	9份	4.23±0.79	2.85	5.17
	山南市	12份	7.55±1.99	3.48	10.36
	林芝市	3份	3.82±1.07	2.85	4.97
	昌都市	19份	3.91±0.99	2.48	6.48
蓝青稞	拉萨市	4份	4.88±2.96	2.82	9.27
	日喀则市	11份	4.17±1.06	2.74	6.32
	山南市	8份	5.73±1.13	4.24	7.37
	林芝市	1份	5.55		
	昌都市	15份	3.83±1.540	1.81	8.35
	阿里地区	12份	5.15±4.55	1.84	18.96
紫青稞	拉萨市	5份	4.06±0.65	3.35	5.08
	山南市	1份	5.56		
	昌都市	2份	2.09±0.46	1.76	2.41
	阿里地区	5份	3.91±1.82	1.49	6.06
合计		622份	5.14±1.80	1.39	24.64

如表7-14所示，产自拉萨市、日喀则市、山南市、林芝市、昌都市、阿里地区6个地市藏青2000铜元素平均含量由高到低顺序为：山南市（6.12 mg/kg）>林芝市（5.78 mg/kg）>拉萨市（5.54 mg/kg）>昌都市（5.39 mg/kg）>日喀则市（5.16 mg/kg）>阿里地区（3.98 mg/kg）。

产自拉萨市、日喀则市、山南市、林芝市、昌都市 5 个地市喜马拉 22 铜元素含量由高到低顺序为：山南市（6.32 mg/kg）>林芝市（6.32 mg/kg）>拉萨市（5.63 mg/kg）>日喀则市（4.43 mg/kg）>昌都市（2.60 mg/kg）。

产自拉萨市、日喀则市、山南市、林芝市、昌都市 5 个地市藏青 3000 铜元素含量由高到低顺序为：昌都市（7.65 mg/kg）>山南市（5.90 mg/kg）>日喀则市（4.77 mg/kg）>拉萨市（3.88 mg/kg）>林芝市（3.31 mg/kg）。

产自日喀则市、昌都市、阿里地区 3 个地市喜马拉 19 铜元素含量由高到低顺序为：阿里地区（6.70 mg/kg）>日喀则市（4.72 mg/kg）>昌都市（4.42 mg/kg）。

产自拉萨市、日喀则市、山南市、林芝市、昌都市、阿里地区 6 个地市藏青 320 铜元素含量由高到低顺序为：昌都市（7.51 mg/kg）>拉萨市（7.16 mg/kg）>林芝市（6.73 mg/kg）>阿里地区（6.55 mg/kg）>山南市（6.45 mg/kg）>日喀则市（4.55 mg/kg）。

产自拉萨市、山南市、林芝市、昌都市、阿里地区 5 个地市当地品种铜元素含量由高到低顺序为：拉萨市（6.83 mg/kg）>山南市（6.26 mg/kg）>阿里地区（5.62 mg/kg）>昌都市（3.83 mg/kg）>林芝市（3.36 mg/kg）。

产自日喀则市藏青 17 铜元素含量为 3.81 mg/kg。

产自日喀则市喜马拉 23 铜元素含量为 3.97 mg/kg。

产自山南市、林芝市 2 个地市冬青 18 铜元素含量由高到低顺序为：山南市（5.95 mg/kg）>林芝市（3.31 mg/kg）。

产自拉萨市、日喀则市、山南市、林芝市、昌都市 5 个地市黑青稞铜元素含量由高到低顺序为：山南市（7.55 mg/kg）>拉萨市（6.85 mg/kg）>日喀则市（4.23 mg/kg）>昌都市（3.91 mg/kg）>林芝市（3.82 mg/kg）。

产自拉萨市、日喀则市、山南市、林芝市、昌都市、阿里地区 6 个地市蓝青稞铜元素含量由高到低顺序为：山南市（5.73 mg/kg）>林芝市（5.55 mg/kg）>阿里地区（5.15 mg/kg）>拉萨市（4.88 mg/kg）>日喀则市（4.17 mg/kg）>昌都市（3.83 mg/kg）。

产自拉萨市、山南市、昌都市、阿里地区 4 个地市紫青稞铜元素含量由高到低顺序为：山南市（5.56 mg/kg）>拉萨市（4.06 mg/kg）>阿里地区（3.91 mg/kg）>昌都市（2.09 mg/kg）。

西藏不同品种622份青稞锌元素含量情况，见表7-15。

表7-15 不同品种青稞锌元素含量 单位：mg/kg

品种	地市	样品数量	均值	极小值	极大值
藏青2000	拉萨市	62份	25.94±12.04	14.77	81.42
	日喀则市	63份	21.19±6.10	11.63	44.47
	山南市	43份	24.61±6.29	9.90	39.90
	林芝市	30份	39.54±27.81	11.58	129.22
	昌都市	34份	36.69±27.39	13.22	125.30
	阿里地区	16份	18.26±6.89	11.59	41.45
喜马拉22	拉萨市	32份	25.50±11.44	13.38	68.97
	日喀则市	15份	18.16±5.95	12.20	33.22
	山南市	12份	34.24±17.34	17.80	74.97
	林芝市	8份	47.54±46.33	12.74	122.28
	昌都市	17份	18.04±5.01	11.05	27.54
藏青3000	拉萨市	1份	15.07		
	日喀则市	13份	19.66±4.40	15.00	27.56
	山南市	16份	32.59±35.98	13.43	162.21
	林芝市	28份	15.54±4.41	9.16	25.00
	昌都市	1份	19.10		
喜马拉19	日喀则市	6份	20.84±10.21	14.26	37.10
	昌都市	3份	25.59±2.11	23.24	27.31
	阿里地区	1份	32.37		
藏青320	拉萨市	8份	49.77±38.37	19.59	113.08
	日喀则市	15份	19.12±6.95	11.47	31.61
	山南市	4份	45.96±50.55	18.67	121.75
	林芝市	2份	54.43±6.08	50.13	58.72
	昌都市	4份	65.61±45.93	21.20	126.53
	阿里地区	2份	38.93±4.02	36.09	41.77

（续表）

品种	地市	样品数量	均值	极小值	极大值
当地品种	拉萨市	1 份	31.19		
	山南市	4 份	35.62±37.84	13.43	162.21
	林芝市	3 份	15.60±4.22	9.16	25.00
	昌都市	10 份	20.31±6.21	11.28	32.08
	阿里地区	1 份	21.99		
藏青 17	日喀则市	12 份	21.26±19.03	10.49	62.86
喜马拉 23	日喀则市	9 份	12.69±1.84	8.84	15.58
冬青 18	山南市	6 份	47.77±57.43	13.43	162.21
	林芝市	28 份	15.54±4.41	9.16	25.00
黑青稞	拉萨市	5 份	45.95±47.66	20.69	130.66
	日喀则市	9 份	17.59±2.70	13.16	22.25
	山南市	12 份	32.04±8.99	17.56	45.46
	林芝市	3 份	19.52±2.16	17.29	21.59
	昌都市	19 份	22.73±4.42	16.63	30.47
蓝青稞	拉萨市	4 份	31.59±22.78	15.48	64.61
	日喀则市	11 份	17.69±6.46	11.57	34.79
	山南市	8 份	25.19±3.44	18.77	30.93
	林芝市	1 份	31.33		
	昌都市	15 份	20.10±3.72	14.04	27.38
	阿里地区	12 份	20.26±9.27	12.23	42.44
紫青稞	拉萨市	5 份	22.40±4.62	18.78	28.28
	山南市	1 份	24.09		
	昌都市	2 份	18.75±3.03	16.61	20.89
	阿里地区	5 份	24.86±10.56	13.68	41.25
合计		622 份	27.76±15.29	4.84	162.21

如表 7-15 所示，产自拉萨市、日喀则市、山南市、林芝市、昌都市、阿里地区 6 个地市藏青 2000 锌元素含量由高到低顺序为：林芝市（39.54 mg/kg）>昌都市（36.69 mg/kg）>拉萨市（25.94 mg/kg）>山南

市（24.61 mg/kg）>日喀则市（21.19 mg/kg）>阿里地区（18.26 mg/kg）。

产自拉萨市、日喀则市、山南市、林芝市、昌都市5个地市喜马拉22锌元素含量由高到低顺序为：林芝市（47.54 mg/kg）>山南市（34.24 mg/kg）>拉萨市（25.50 mg/kg）>日喀则市（18.16 mg/kg）>昌都市（18.04 mg/kg）。

产自拉萨市、日喀则市、山南市、林芝市、昌都市5个地市藏青3000锌元素含量由高到低顺序为：山南市（32.59 mg/kg）>日喀则市（19.66 mg/kg）>昌都市（19.10 mg/kg）>林芝市（15.54 mg/kg）>拉萨市（15.07 mg/kg）。

产自日喀则市、昌都市、阿里地区3个地市喜马拉19锌元素含量由高到低顺序为：阿里地区（32.37 mg/kg）>昌都市（25.59 mg/kg）>日喀则市（20.84 mg/kg）。

产自拉萨市、日喀则市、山南市、林芝市、昌都市、阿里地区6个地市藏青320锌元素含量由高到低顺序为：昌都市（65.61 mg/kg）>林芝市（54.43 mg/kg）>拉萨市（49.77 mg/kg）>山南市（45.96 mg/kg）>阿里地区（38.93 mg/kg）>日喀则市（19.12 mg/kg）。

产自拉萨市、山南市、林芝市、昌都市、阿里地区5个地市当地品种锌元素含量由高到低顺序为：山南市（35.62 mg/kg）>拉萨市（31.19 mg/kg）>阿里地区（21.99 mg/kg）>昌都市（20.31 mg/kg）>林芝市（15.60 mg/kg）。

产自日喀则市藏青17锌元素含量为21.26 mg/kg。

产自日喀则市喜马拉23锌元素含量为12.69 mg/kg。

产自山南市、林芝市2个地市冬青18锌元素含量由高到低顺序为：山南市（47.77 mg/kg）>林芝市（15.54 mg/kg）。

产自拉萨市、日喀则市、山南市、林芝市、昌都市5个地市黑青稞锌元素含量由高到低顺序为：拉萨市（45.95 mg/kg）>山南市（32.04 mg/kg）>昌都市（22.73 mg/kg）>林芝市（19.52 mg/kg）>日喀则市（17.59 mg/kg）。

产自拉萨市、日喀则市、山南市、林芝市、昌都市、阿里地区6个地市蓝青稞锌元素含量由高到低顺序为：拉萨市（31.59 mg/kg）>林芝市（31.33 mg/kg）>山南市（25.19 mg/kg）>阿里地区（20.26 mg/kg）>昌都市（20. 10 mg/kg）>日喀则市（17. 69 mg/kg）。

产自拉萨市、山南市、昌都市、阿里地区 4 个地市紫青稞锌元素含量由高到低顺序为：阿里地区（24. 86 mg/kg）>山南市（24. 09 mg/kg）>拉萨市（22. 40 mg/kg）>昌都市（18. 75 mg/kg）。

参考文献

白婷，靳玉龙，朱明霞，等，2019. 海拔差异对青稞品质影响的研究[J]. 中国粮油学报，34（2）：34-39.

车富红，冯声宝，李善文，等，2019. 几个青稞主产区不同青稞品种的微量成分差异分析[J]. 酿酒科技（11）：113-118.

程晓彬，陈安茹，李利娜，等，2017. 大麦茶及大麦籽粒微量元素含量分析[J]. 食品研究与开发，38（1）：123-125.

杜木英，伍怡郦，阚建全，等，2007. 传统青稞酒发酵过程中化学成分动态变化的研究[J]. 食品工业科技（9）：94-98.

樊秉芸，2011. 刍议青稞营养价值及综合利用前景[J]. 农村经济与科技，22（6）：35-36.

郭效瑛，赵曼，2018. 青稞保健功能产品开发研究国内现状[J]. 农产品加工（20）：57-61，65.

洪佳敏，林宝妹，张帅，等，2019. 6 种杂粮营养成分分析及评价[J]. 食品安全质量检测学报，10（18）：6254-6260.

黄海皎，李杨，高小丽，等，2020. 西藏地市青稞籽粒营养品质分析及评价[J]. 麦类作物学报，40（12）：1479-1485.

贾奎寿，郑秀琴，2003. 微量元素对人体健康的影响[J]. 广东微量元素科学（1）：60-62.

蒋芮，李雅婷，欧阳鹏凌，等，2018. 发芽对黑大麦游离氨基酸及其他营养成分的影响[J]. 食品工业科技，39（6）：38-42.

靳玉龙，白婷，朱明霞，等，2019. 利用因子分析综合评价 9 个西藏农家青稞品种的品质[J]. 作物杂志（4）：55-60.

Kennetheng，唐治韶，1993. 有关大麦营养成分及淀粉利用[J]. 中国饲料（9）：37-39.

李润喜，李学才，毋玲玲，2012. 黑裸大麦甘垦 5 号的营养功能特性及利用[J]. 甘肃科技，28（18）：169-170，159.

李爽，时学双，张小村，等，2022. 大麦籽粒矿质元素含量分析与评价［J］. 大麦与谷类科学，39（4）：1-7.
梁寒峭，李金霞，陈建国，等，2016. 黑青稞营养成分的检测与分析［J］. 食品与发酵工业，42（1）：180-182，188.
林津，洛桑仁青，周陶鸿，等，2016. 西藏山南隆子县黑青稞与白青稞的营养成分及生理活性物质的比较分析［J］. 食品科技，41（10）：88-92.
刘翠花，张洪锋，旺姆，2004. 锰对青稞产量及品质的影响［J］. 西藏科技（8）：12-15.
吕远平，熊茉君，贾利蓉，等，2005. 青稞特性及在食品中的应用［J］. 食品科学（7）：266-270.
孟晶岩，栗红瑜，张倩芳，等，2017. 不同生长条件青稞的产量·品质分析［J］. 安徽农业科学，45（28）：30-31，38.
秦彧，李晓忠，姜文清，等，2010. 西藏主要作物与牧草营养成分及其营养类型研究［J］. 草业学报，19（5）：122-129.
山永凯，杨占武，2004. 有待开发的高原作物——青稞［J］. 中国食物与营养（5）：22-23.
谭大明，谭海运，刘国一，等，2018. 西藏不同黑青稞品种的农艺性状和营养品质分析［J］. 麦类作物学报，38（2）：142-147.
唐亚伟，2015. 青稞籽粒微量元素含量研究［J］. 西藏农业科技，37（4）：20-23.
王海燕，2015. 化学元素对人体健康的影响［J］. 中学化学（3）：14-15.
王婧，李海蓉，杨林生，等，2017. 西藏昌都地市环境硒分布特征及其与大骨节病的关系［J］. 地理研究，36（2）：383-390.
王丽娟，刘菊林，2013. 微量元素对人体健康的作用［J］. 临床合理用药杂志，6（8）：63.
王勤，曹继华，李艳丽，2003. 微量元素对人体的重要作用［J］. 河南中医学院学报（6）：81-83.
韦泽秀，卓玛，曲航，2018. 铁锌肥对拉萨河谷农区藏青 2000 产量和品质的影响［J］. 西藏农业科技，40（S1）：61-64.
吴雪莲，曲航，邱城，等，2017. 产地及品种对西藏青稞营养品质的影响［J］. 麦类作物学报，37（9）：1246-1254.
伍滨，2006. 微量元素对人体生理功能的影响［J］. 基层医学论坛，10（S1）：106.
夏岩石，冯海蓝，2010. 大麦食品及其生理活性成分的研究进展［J］. 粮食与饲料工业（6）：27-30.
徐贵钰，2016. 青海6种主要农产品中微量元素的特征分析［J］. 贵州师范大学学报（自然科学版），34（6）：77-80.
许伟利，董伟志，王军，等，2019. 大麦籽粒营养成分及开发研究进展［J］. 大麦与谷类科学，36（3）：52-55.
扎桑拉姆，2006. 浅析青稞原料主要营养成分与青稞产业的发展［J］. 西藏科技（10）：6-7，55.
张守文，2005. 黑麦（裸麦）粉的营养保健功能及其开发应用［J］. 粮食与食品工业（1）：9-11，14.
张唐伟，佘永新，吴雪莲，等，2020. 不同生态环境下青稞的营养成分和矿质元素差异性分析［J］. 大麦与谷类科学，37（1）：6-9.
张唐伟，余耀斌，拉琼，2017. 西藏不同青稞品种的品质差异分析［J］. 大麦与谷类科学，34（1）：28-32，41.
张唐伟，余耀斌，吴雪莲，等，2018. 藏青2000在不同生态域的品质差异性分析［J］. 安徽农业科学，46（5）：176-177，182.
中国营养学会，2022. 中国居民膳食指南（2022）［M］. 北京：人民卫生出版社.
朱喜艳，2006. 青海湖地市青稞中微量元素含量分析［J］. 青海畜牧兽医杂志（4）：54.

8 青稞维生素

8.1 维生素

维生素（vitamin）是人和动物为维持正常的生理功能而必须从食物中获得的一类微量有机物质，在人体生长、代谢、发育过程中发挥着重要的作用。早在宋代《圣济总录》中就记载有“昼而明视，暮不睹物，名为雀目”，这里的“雀目”即夜盲症；唐代孙思邈所著的《千金方》针对该病症开出了以羊肝为主药的《防风煮肝散方》；现代医学建议服用“鱼肝油”来缓解该症状。而无论是羊肝还是鱼肝油，都是因为其含有丰富的维生素才能有效治疗夜盲症。后疫情时代，维生素的补充是提高免疫力的重要方式之一。

维生素并不能分解产生能量，也不是人体组织的构成部分，却是人体维持正常生理活动所必需的微量有机物。作为六大营养素之一，维生素有以下 4 个特点：一是外源性，人体自身不能合成维生素，必须从外界获取；二是微量性，人体每天所需的维生素往往以毫克（mg）或微克（μg）计量；三是调节性，维生素能够调节人体的新陈代谢，大部分维生素以辅酶或者辅基的形式存在；四是特异性，一旦缺乏某种维生素，人体将出现特有病症，长期缺乏会引起“维生素缺乏症”。维生素参与人体的生化反应，调节人体的代谢功能，如果维生素摄入不足，会导致人体新陈代谢失去平衡，易患各种疾病。

维生素的发现始于对坏血病、脚气病和佝偻病这 3 种疾病的研究与治疗。人们在寻找针对这 3 种疾病的治疗方法时发现，食用某些食物就能症状减轻甚至痊愈，科学家们进一步研究发现是这些食物中含有的某些微量物质起到了关键作用。1912 年，波兰生物化学家卡西米尔·丰克（Casimir Funk）在提纯“抗脚气物质”时，提出“vitamine”这个概念，意为“维持生命所必需的胺”。随着深入研究发现，并不是所有维生素都是“胺”类化合物，遂将“vitamine”最后的字母“e”去掉，演变成了现在的“vitamin”，翻译为维生素或者维他命，意为“维持生命所必需的营养素”。

维生素是个庞大的家族，现阶段所知的维生素就有几十种，根据维生素的溶解特性、代谢特性等特点，通常可分为水溶性维生素（water-soluble vitamins）和脂溶性维生素（lipid-soluble vitamins）两大类，具体分子式和分子量大小见表 8-1。

维生素家族主要有维生素 A、B 族维生素、维生素 C、维生素 D、维生素 E、维生素 K，其中 B 族维生素包括维生素 B_1、维生素 B_2、维生素 B_3、维生素 B_5、维生素 B_6、维生素 B_7、维生素 B_9、维生素 B_{12}，维生素 D 和维生素 K 分别包括维生素 D_2、维生素 D_3、维生素 D_4、维生素 D_5 和维生素 K_1、维生素 K_2、维生素 K_3、维生素 K_4。

水溶性维生素是能在水中溶解的一组维生素，易溶于水，而不溶于脂肪和脂溶剂，主要包括 B 族维生素和维生素 C。水溶性维生素通常是辅酶或辅基的组成部分，在人体代谢的许多环节都发挥着非常重要的作用。满足了人体需要后，多余的水溶性维生素由泌尿系统排出体外，而在体内仅有少量的储存。故水溶性维生素需每日摄入，摄入过量一般不引起中毒，缺乏时症状发展迅速。

脂溶性维生素是指不溶于水而溶于脂肪及非极性有机溶剂（如苯、乙醚及氯仿等）的维生素，主要包括维生素 A、维生素 D、维生素 E、维生素 K。这类维生素一般只含有碳、氢、氧 3 种元素，在食物中多与脂质共存，其在机体内的吸收通常与肠道中的脂质密切相关，可随脂质吸收进入人体并在体内储存（主要在肝脏部位），排泄率不高；摄入量过多易引起中毒现象，若摄入量过少则缓慢出现缺乏症状，故不需每日供给。另外，脂溶性维生素大多稳定性较强。

B 族维生素中每种维生素之间结构差异较大，生理功能也有所不同，每种维生素需单独列出。而维生素 D_2、维生素 D_3、维生素 D_4、维生素 D_5 分子结构相似，仅支链不同，且具有相似的生理功能，无须单独列出，同理，维生素 K_1、维生素 K_2、维生素 K_3、维生素 K_4 也无需单独列出。故学术界公认的人体必需维生素有 13 种，即维生素 A、维生素 B_1、维生素 B_2、维生素 B_3、维生素 B_5、维生素 B_6、维生素 B_7、维生素 B_9、维生素 B_{12}、维生素 C、维生素 D、维生素 E 以及维生素 K。

表 8-1 主要维生素种类及分子量大小

类别		名称	英文名称	缩写名称	分子式	分子量（Da）
水溶性维生素	B 族维生素	维生素 B_1（硫胺素）	vitamin B_1（thiamine）	VB_1	$C_{12}H_{17}ClN_4OS$	337.29
		维生素 B_2（核黄素）	vitamin B_2（riboflavin）	VB_2	$C_{17}H_{20}N_4O_6$	376.37
		维生素 B_3（烟酸、尼克酸）	vitamin B_3（nicotinic acid）	VB_3	$C_6H_5NO_2$	123.11
		维生素 B_5（泛酸）	vitamin B_5（pantothenic acid）	VB_5	$C_9H_{17}NO_5$	219.23
		维生素 B_6（吡哆素）	vitamin B_6（pyridoxine）	VB_6	$C_8H_{10}NO_5P$	231
		维生素 B_7（生物素）	vitamin B_7（biotin）	VB_7	$C_{10}H_{16}N_2O_3S$	244.3
		维生素 B_9（叶酸）	vitamin B_9（folic acid）	VB_9	$C_{19}H_{19}N_7O_6$	441.40
		维生素 B_{12}（钴胺素）	vitamin B_9（cyanocobalamin）	VB_{12}	$C_{63}H_{88}CoN_{14}O_{14}P$	1355.40
		维生素 C（抗坏血酸）	vitamin C（ascorbicacid）	V_C	$C_6H_8O_6$	176.12
脂溶性维生素		维生素 A（视黄醇）	vitamin A（retionl）	V_A	$C_{20}H_{30}O$	286.45
	维生素 D	维生素 D_2（麦角钙化醇）	vitamin D_2（ergocalciferol）	VD_2	$C_{28}H_{44}O$	396.65
		维生素 D_3（胆钙化醇）	vitamin D_3（cholecal ciferol）	VD_3	$C_{27}H_{44}O$	384.64
		维生素 E（生育酚）	vitamin E（tocopherol）	V_E	$C_{31}H_{52}O_3$	472.75
	维生素 K	维生素 K_1（叶绿醌）	vitamin K_1（phylloquinone）	VK_1	$C_{31}H_{46}O_2$	450.70
		维生素 K_2	vitamin K_2	VK_2	$C_{31}H_{40}O_2$	444.65
		维生素 K_3	vitamin K_3	VK_3	$C_{11}H_8O_2$	172.18
		维生素 K_4	vitamin K_4	VK_4	$C_{15}H_{14}O_4$	258.27

综上所述，目前科学研究发现至少有 30 种不同的化合物被认为是“维生素”，其中 20 多种维生素已知是生物健康所必需的。有些物质在化学结构上类似于某种维生素，经过简单的代谢反应即可转变成维生素，此类物质称为维生素原，例如 β-胡萝卜素能转变为维生素 A；7-脱氢胆固醇可转变为维生素 D_3；但要经许多复杂代谢反应才能形成。

8.2 维生素营养作用

8.2.1 维生素 B_1（硫胺素）

维生素 B_1 是第一个人工分离纯化的维生素。维生素 B_1 在碳水化合物和氨基酸分解代谢及糖异生中起关键作用。能维护神经系统健康，稳定食欲，刺激生长以及保持良好的肌肉状况。维生素 B_1 在人体的正常血清范围为 0~75.4 nmol/L，在全血中正常浓度为 41.5~108.9 nmol/L。日推荐剂量为 14~18 岁男性补充 1.6 mg/d、女性 1.3 mg/d，18 岁以上男性 1.4 mg/d、女性 1.2 mg/d。人体缺少维生素 B_1，可能导致手脚蜕皮、肠胃不适。维生素 B_1 的主要生理功能是参与能量代谢，维持神经、肌肉特别是心肌的正常功能，在维持正常食欲、胃肠蠕动和消化分泌等方面也具有重要作用。维生素 B_1 缺乏在临床上导致神经-血管系统损伤，包括心血管症状和神经性障碍。近年来研究发现，维生素 B_1 与糖尿病、阿尔茨海默病（AD）等多种慢性疾病有关。补充维生素 B_1 在防治 2 型糖尿病、阿尔茨海默病等慢性病中具有潜在的健康效应；维生素 B_1 与肥胖、抑郁和癌症等其他慢性病也存在关联。因此，人体日常生活中适宜剂量的维生素 B_1 或其衍生物补充可能有利于降低 2 型糖尿病的发生风险，并有利于改善阿尔茨海默病患者的认知功能。

8.2.2 维生素 B_2（核黄素）

维生素 B_2 可保护视力、修复细胞、促进生长发育，以及促进碳水化合物、脂肪与蛋白质的新陈代谢，并有助于形成抗体及红细胞，维持细胞呼吸。维生素 B_2 在人体的正常血清范围为 0.27~1.33 pmol/L，日推荐摄入量为成人 1.6 mg/d 左右、婴幼儿 0.6 mg/d 左右、儿童 1.2 mg/d 左右。

人体缺少维生素 B_2，可能导致口腔溃疡。维生素 B_2 参与细胞生物氧化与能量生成，参与色氨酸转变为烟酸、维生素 B_6 转化为磷酸吡哆醛的过程，作为谷胱甘肽还原酶的辅酶维持谷胱甘肽的浓度，改善抗氧化防御能力，并作为甲基四氢叶酸还原酶的辅酶，参与同型半胱氨酸代谢。维生素 B_2 是黄素腺嘌呤二核苷酸前体，黄素腺嘌呤二核苷酸是电子转运黄素蛋白及电子转运黄素蛋白脱氢酶的辅因子。维生素 B_2 代谢障碍可导致多种脂肪酸氧化障碍，引起相关疾病。补充维生素 B_2 可提高黄素腺嘌呤二核苷酸浓度，促使黄素腺嘌呤二核苷酸与电子转运黄素蛋白结合，对电子转运黄素蛋白脱氢酶的催化活性及其折叠、组装和稳定性都有重要作用。

8.2.3 维生素 B_3（烟酸、尼克酸）

维生素 B_3 是抗癞皮病因子，具有维持机体消化系统功能的作用，同时参与性激素的合成，是人体需求量最多的 B 族维生素。维生素 B_3 的游离正常值为 0.09~0.36 μmol/L，总量为 1.74~2.49 μmol/L。推荐日摄入量为成人 10~20 mg/d、婴儿 4~11 mg/d。临床上维生素 B_3 可防治皮肤病，且具有扩张血管的作用，用于治疗动脉粥样硬化和末梢神经痉挛等病症。维生素 B_3 可强健消化系统，有助于皮肤的保健及美容，能改善偏头痛、高血压、腹泻，加速血液循环，治疗口疮，消除口臭，降低胆固醇。人体缺少维生素 B_3，可能导致皮肤粗糙、皮炎、口腔溃疡。有临床试验显示，服用维生素 B_3 能够改善青光眼患者的视功能，有望预防患者的视网膜神经细胞损伤。烟酸和烟酰胺是维生素 B_3 的两种形式，在体内可通过代谢相互转化。临床上，大剂量烟酸（2~6 g/d）可作为降血脂药物使用，烟酸可以降低总胆固醇（TC）、极低密度脂蛋白（vLDL）、低密度脂蛋白（LDL）和甘油三酯（TG）水平，并升高高密度脂蛋白（HDL-C）水平。大剂量烟酰胺（≤3.5 g/d）被广泛用于保护细胞损伤、抑制炎症等病理情况的治疗，如衰老相关疾病、帕金森病、心脏疾病、肥胖与 2 型糖尿病以及肌肉萎缩等。

8.2.4 维生素 B_5（泛酸）

维生素 B_5 主要包括 *D*-泛酸钙与 *D*-泛醇，可加速伤口痊愈，建立人体的抗体以防止细菌感染，治疗手术后的颤抖，防止疲劳。缺少维生素 B_5 可能导致血液指标及皮肤异常。推荐日摄入量为半岁以下婴儿 2 mg/d，半岁至3岁婴幼儿3 mg/d，4~6岁儿童3~4 mg/d，7~10岁儿童4~5 mg/d，11岁以上儿童和成人4~7 mg/d。维生素B_5主要的生理功能有抗寒、抗应激、抗感染，同时还可抵消某些维生素的毒副作用。维生素B_5是辅酶A/乙酰辅酶A的专有前体，在包括大脑在内的所有器官的新陈代谢中发挥着关键作用。人体缺乏维生素B_5表现为四肢神经疼综合征、脚趾麻木、脚有烧灼性疼痛感、走路摇晃不定。研究表明，大脑缺乏维生素B_5很可能导致阿尔茨海默病的神经退行性病变和痴呆。另外，*D*-泛醇可促进人体蛋白质、脂肪、糖类的代谢，保护皮肤和黏膜，改善毛发光泽，提高免疫力，防止疾病的发生。

8.2.5 维生素B_6（吡哆素）

维生素B_6包括吡哆醇、吡哆醛和吡哆胺，在体内以磷酸酯形式存在，其血清正常含量为14.6~72.9 nmol/L，推荐日摄取量为成人男性2.0 mg/d、女性1.6 mg/d、妊娠期2.2 mg/d、哺乳期2.1 mg/d、婴儿0.3~0.6 mg/d。维生素B_6是辅酶的重要组成部分，是体内140多个生化反应所需的酶辅助因子，参与人体内糖、蛋白质和脂肪的正常代谢，且与白细胞、血红蛋白的生成有关。可帮助维持钠、钾的平衡，调节体液，增进神经和骨骼肌肉系统正常功能，是天然的利尿剂。缺少维生素B_6，易导致唇干裂、皮肤炎。

维生素B_6具有促进人体发育和抑制呕吐等功能，参与体内氨基酸的代谢。缺乏维生素B_6会引起呕吐、抽筋等现象，而过量维生素B_6会造成一定的神经损伤。目前常用于防治因大量或长期服用异烟肼、肼屈嗪等引起的周围神经炎以及治疗婴儿惊厥、白细胞减少、减轻癌症引起的恶心呕吐或妊娠呕吐、痤疮、酒渣鼻、脂溢性湿疹等。有学者报道维生素B_9和维生素B_6治疗1型糖尿病儿童可恢复内皮功能障碍。有学者研究发现，低水平的维生素B_6与抑郁症和大脑功能障碍有关。

8.2.6 维生素B_7（生物素）

维生素B_7是合成维生素C的必要物质。与其他维生素不同，所有食物中均含有维生素B_7。维生素B_7推荐日摄入量为成年人25 mg/d、儿童10 mg/d、孕妇30~35 mg/d。维生素B_7与能量产生密切相关，同时参与控制血糖水平，因此有助于控制糖尿病。维生素B_7可以维护皮肤及毛发的正常功能，防止头发变白，预防及治疗秃头的现象，缓和肌肉疼痛，对抑郁和失眠有一定改善作用，促进尿素合成与排泄，同时还参与维生素 B_{12}、维生素 B_9、维生素 B_5 的代谢。维生素 B_7 作为一种辅酶发挥作用，参与羧化酶转移羧基的过程。尽管维生素 B_7 缺乏症较少见，但已有研究表明，一定比例孕妇可能发生边缘性维生素 B_7 缺乏，从而增加新生儿出生缺陷的风险。酗酒会阻碍维生素 B_7 的吸收。缺少维生素 B_7，易导致头皮屑多、掉发、肤色暗沉。

8.2.7 维生素 B_9（叶酸）

维生素 B_9 推荐日摄入量为成人 200 μg/d、孕妇和乳母 400 μg/d、婴幼儿 200~400 μg/d。维生素 B_9 在体内参与嘌呤和胸腺嘧啶合成，发挥细胞内碳代谢作用，同时还参与细胞增殖。维生素 B_9 能增加乳汁，可消灭肠内的寄生虫，破坏食物的毒素，是天然止痛剂，促进食欲，防止发生口疮，治疗贫血。叶酸与泛酸一起服用时，可减缓头发变白的现象。缺少维生素 B_9，可能引起胎儿神经管畸形。

维生素 B_9 的生理功能主要包括参与合成血红素、促进胎儿发育、保护心脏血管、降低阿尔茨海默症的发生。临床常用于治疗贫血，包括营养性巨红细胞性贫血、妊娠期及婴儿型巨红细胞性贫血。维生素 B_9 与维生素 B_{12}联用可治疗恶性贫血、铅、苯等化学物质中毒引起的贫血。有学者研究发现，维生素 B_9 和维生素 B_{12}在缓解同型半胱氨酸介导的人脐静脉内皮细胞的凋亡中作用显著。近年研究表明，维生素 B_9 对于婴幼儿秋季腹泻、胃肠道肿瘤、银屑病的治疗以及逆转肺部癌前病变、逆转宫颈癌前病变、减轻糖尿病周围神经病变有一定的作用。

8.2.8 维生素 B_{12}（钴胺素）

维生素 B_{12}是唯一含有金属元素的维生素，推荐日摄入量为成人 2.4 μg/d、孕妇为 2.6 μg/d、乳母为 3.2 μg/d。维生素 B_{12} 促进红细胞的制造及换新，可防止贫血，有助于儿童的发育成长，保持健康的神经系统，减除过敏性症状，增进记忆力及身体的平衡力。缺少维生素 B_{12}可能导致恶性贫血、牙龈出血、口腔溃疡，原因是食物结合的钴胺吸收不良（food-bound co-balamin malabsorption，FBCM）。维生素 B_{12}具有抗脂肪肝、促进维生素 A 富集和细胞发育代谢等作用。

以维生素 B_{12}为主药的药物有氰钴胺、腺苷钴胺和甲钴胺。主要用于治疗恶性贫血，与维生素 B_9 联用治疗各种巨细胞性贫血、神经萎缩、胃切除、脂肪泻、神经炎、肝炎和肝硬化等。有学者报道了单独使用二甲双胍会导致维生素 B_{12}水平降低；维生素 B_{12}和二甲双胍联合用药可降低血糖，有效调节患者体内同型半胱氨酸水平。也有学者研究发现，维生素 B_{12}在神经系统的功能维持中起着关键作用，缺乏维生素 B_{12}可能会导致记忆障碍。

综上所述，维生素是维持机体正常生理功能所必需的一类有机物质，对于人体的生长、代谢、发育均发挥着至关重要且不可替代的作用。人体每日仅需毫克或微克量的维生素，但摄入量不足仍然会引起维生素缺乏症，对机体造成损伤。

8.3 西藏青稞维生素含量

维生素是人体体内所必需的营养物质之一，谷物中含有的维生素主要有维生素维生素 B_1、维生素 B_5、维生素 B_6、维生素 B_7、维生素 B_9、维生素 B_{12}、维生素 A、维生素 D、维生素 E、维生素 K 等。从大豆、玉米和大麦等植物来源中提取维生素及其衍生物制成的胶囊产品在保健品领域占据相当的市场份额。青稞中的水溶性维生素主要是 B 族维生素。B 族维生素是 10 余种维生素的统称，其各自拥有独特的特点和功效，普遍的共同点在于都是人体不可缺少的营养组成部分，且可以通过酶辅基的形式调节人体代谢。对于 B 族维生素的测定，近年来国内外都做了大量的研究工作，但缺乏较为完备的青稞中特质维生素指标的分类汇总。本节对 2021 年和 2023 年产自西藏青稞主产区 5 个地市的 348 份主要品种样品，进行了 B 族维生素（维生素 B_1、维生素 B_2、维生素 B_3、维生素 B_5、维生素 B_6、维生素 B_7、维生素 B_9、维生素 B_{12}）含量比较分析，其中维生素 B_7、维生素 B_9、维生素 B_{12}均未检出，因此未列出其结果数据。

8.3.1 维生素检测方法

目前，水溶性维生素的测定方法主要有微生物法、分光光度法、高效液相色谱法和高效液相色谱-串联质谱法。微生物法和分光光度法的灵敏度不高，一般样品在维生素含量较低的情况下不宜采用；高效液相色谱法检测不同水溶性维生素时，需要不同的检测器，所以很难同时测定多种维生素；高效液相色谱-串联质谱法利用质谱的选择特异性原理，可以实现多种维生素的同时检测。针对青稞 B 族维生素，可采用超高效液相色谱串联四极质谱联用仪（型号：Waters ACQUITYUPLC \\ ACQUITYUPC2 \\ XEVOTQ-S）分析，样品用 30% 甲醇提取后，采用梯度洗脱模式，并在正、负离子 2 种模式下进行质谱检测，提高检测的专一性和靶向性，实现多种维生素的同时定性定量分析。

8.3.2 青稞品种、产地及来源

本研究经过 2021 年、2023 年，选取西藏自治区拉萨市、山南市、日喀则市、昌都市和林芝市 5 个市青稞主产县（市、区）13 个青稞品种，共计 348 份样品进行青稞 B 族维生素含量分析。其中，拉萨市 73 份、山南市 71 份、日喀则市 99 份、林芝市 42 份、昌都市 63 份；品种包括藏青 2000、藏青 320、喜马拉 22、喜马拉 19、冬青 18、察雅黑青稞、黑青稞、蓝青稞、康青、藏青 3000、藏青 17、喜马拉 23、山青 9 号。

8.3.3 各地市青稞维生素含量

西藏自治区拉萨市、日喀则市、山南市、林芝市、昌都市 5 个市 348 份青稞 B 族维生素含量范围为 495.5～2 092.8 μg/100 g，平均含量为 1 044.7 μg/100 g。详见表 8-2。

表 8-2 西藏青稞 B 族维生素含量 单位：μg/100 g

维生素名称	英文缩写	样品数量	均值	极小值	极大值
维生素 B_1（硫胺素）	VB_1	348 份	231.2±29.6	90.5	804.9
维生素 B_2（核黄素）	VB_2	348 份	67.2±4.3	22.0	294.3
维生素 B_3（烟酸）	VB_3	348 份	378.8±40.7	175.0	765.3
维生素 B_5（泛酸）	VB_5	348 份	303.8±33.1	71.3	1 020.6
维生素 B_6（吡哆醇）	VB_6	348 份	63.7±3.0	4.0	141.2
B 族维生素总量	total VB	348 份	1 044.7±103.8	495.5	2 092.8

如表 8-2 所示，西藏青稞 B 族维生素主要涉及维生素 B_1、维生素 B_2、维生素 B_3、维生素 B_5、维生素 B_6 五种成分，其中维生素 B_1 含量 90.5~804.9 μg/100 g，平均含量为 231.2 μg/100 g；维生素 B_2 含量 22.0~294.3 μg/100 g，平均含量为 67.2 μg/100 g；维生素 B_3 含量 175.0~765.3 μg/100 g，平均含量为 378.8 μg/100 g；维生素 B_5 含量 71.3~1 020.6 μg/100 g，平均含量为 303.8 μg/100 g；维生素 B_6 含量 4.0~141.2 μg/100 g，平均含量为 63.7 μg/100 g；B 族维生素总量 495.5~2 092.8 μg/100 g，平均含量为 1 044.7 μg/100 g。林津等学者报道，B 族维生素维生素 B_1、维生素 B_2、维生素 B_6 在西藏山南隆子县产的黑青稞与白青稞中分别为 273 μg/100 g、76.8 μg/100 g、15.9 μg/100 g 和 183 μg/100 g、20.0 μg/100 g、13.6 μg/100 g，与本研究测定的 B 族维生素结果数据基本吻合，因地域差异和产出时间等因素，各指标含量略有差异。

总体上，B 族维生素含量趋势为维生素 B_3（378.8 μg/100 g）>维生素 B_5（303.8 μg/100 g）>维生素 B_1（231.2 μg/100 g）>维生素 B_2（67.2 μg/100 g）>维生素 B_6（63.7 μg/100 g）；维生素 B_1、维生素 B_2、维生素 B_3、维生素 B_5、维生素 B_6 五种成分各自在 B 族维生素总量含量占比分别为 24%、7%、40%、22%、7%，说明西藏自治区产出青稞维生素 B_3 和维生素 B_5 含量显著高于其他 B 族维生素的含量。

西藏青稞主产区不同地市的青稞 B 族维生素含量情况，见表 8-3。

表 8-3　各地市青稞 B 族维生素含量　　单位：μg/100 g

地市名称	样品数量	B 族维生素种类	均值	极小值	极大值
拉萨市	73 份	维生素 B_1（硫胺素）	295.9±30.5	123.2	804.9
		维生素 B_2（核黄素）	47.8±3.5	31.3	64.0
		维生素 B_3（烟酸）	306.4±31.6	181.3	538.8
		维生素 B_5（泛酸）	159.8±16.7	79.8	301.5
		维生素 B_6（吡哆醇）	53.8±2.9	16.4	104.5
		B 族维生素总量	863.7±82.9	569.3	1 409.9

（续表）

地市名称	样品数量	B 族维生素种类	均值	极小值	极大值
日喀则市	99 份	维生素 B_1（硫胺素）	123.9±14.1	90.5	211.1
		维生素 B_2（核黄素）	49.8±3.1	32.1	72.6
		维生素 B_3（烟酸）	412.9±39.3	207.7	765.3
		维生素 B_5（泛酸）	245.8±23.6	81.1	1 020.6
		维生素 B_6（吡哆醇）	65.6±3.8	32.7	110.3
		B 族维生素总量	898.0±83.1	495.5	1 735.1
山南市	71 份	维生素 B_1（硫胺素）	254.4±18.0	145.5	342.6
		维生素 B_2（核黄素）	81.8±5.4	22.0	292.6
		维生素 B_3（烟酸）	418.6±39.1	175.0	732.4
		维生素 B_5（泛酸）	202.2±16.1	75.4	800.6
		维生素 B_6（吡哆醇）	66.7±3.6	33.5	141.2
		B 族维生素总量	1 023.7±85.2	588.0	2 092.8
林芝市	42 份	维生素 B_1（硫胺素）	221.3±17.7	106.5	349.4
		维生素 B_2（核黄素）	141.0±13.5	32.3	294.3
		维生素 B_3（烟酸）	467.8±26.0	331.2	685.6
		维生素 B_5（泛酸）	209.3±14.2	71.3	475.2
		维生素 B_6（吡哆醇）	64.9±2.8	30.0	130.8
		B 族维生素总量	1 104.3±72.1	717.0	1 599.2
昌都市	63 份	维生素 B_1（硫胺素）	305.5±19.0	195.6	460.2
		维生素 B_2（核黄素）	51.7±2.4	32.8	73.1
		维生素 B_3（烟酸）	354.8±22.5	178.3	740.5
		维生素 B_5（泛酸）	221.7±13.7	94.1	684.3
		维生素 B_6（吡哆醇）	67.7±2.3	4.0	130.8
		B 族维生素总量	1 001.4±69.9	636.1	1 578.9

如表 8-3 所示，各地市青稞维生素 B_1 平均含量由高到低顺序为：昌都市（305.5 μg/100 g）>拉萨市（295.9 μg/100 g）>山南市（254.4 μg/100 g）>林芝市（221.3 μg/100 g）>日喀则市（123.9 μg/100 g）。

维生素 B_2 平均含量由高到低顺序为：林芝市（141.0 μg/100 g）>山

南市（81.8 μg/100 g）>昌都市（51.7 μg/100 g）>日喀则市（49.8 μg/100 g）>拉萨市（47.8 μg/100 g）。

维生素 B_3 平均含量由高到低顺序为：林芝市（467.8 μg/100 g）>山南市（418.6 μg/100 g）>日喀则市（412.9 μg/100 g）>昌都市（354.8 μg/100 g）>拉萨市（175.0 μg/100 g）。

维生素 B_5 平均含量由高到低顺序为：日喀则市（245.8 μg/100 g）>昌都市（221.7 μg/100 g）>林芝市（209.3 μg/100 g）>山南市（202.2 μg/100 g）>拉萨市（159.8 μg/100 g）。

维生素 B_6 平均含量由高到低顺序为：昌都市（67.7 μg/100 g）>山南市（66.7 μg/100 g >日喀则市（65.6 μg/100 g）>林芝市（64.9 μg/100 g）>拉萨市（53.8 μg/100 g）。

总体上，B 族维生素总量平均含量大小趋势为林芝市（1 104.3 μg/100 g）>山南市（1 023.7 μg/100 g）>昌都市（1 001.4 μg/100 g）>日喀则市（898.0 μg/100 g）>拉萨市（863.7 μg/100 g）。

8.3.4 各地市所辖县（市、区）青稞维生素含量

拉萨市达孜区、林周县、曲水县及墨竹工卡县 4 个县（区）的 73 份青稞 B 族维生素含量情况，见表 8-4。

表 8-4 拉萨市各县（区）青稞 B 族维生素含量 单位：μg/100 g

县（区）	样品数量	B 族维生素种类	均值	极小值	极大值
达孜区	16 份	维生素 B_1（硫胺素）	284.5±22.9	123.2	423.4
		维生素 B_2（核黄素）	52.0±2.3	36.2	64.0
		维生素 B_3（烟酸）	346.2±26.3	288.2	516.4
		维生素 B_5（泛酸）	175.8±16.5	87.1	281.2
		维生素 B_6（吡哆醇）	59.0±2.9	37.3	89.8
		B 族维生素总量	917.6±71.5	775.0	1 062.8
林周县	22 份	维生素 B_1（硫胺素）	322.3±25.2	156.3	804.9
		维生素 B_2（核黄素）	53.7±3.8	43.6	63.7
		维生素 B_3（烟酸）	329.3±24.7	212.3	538.8
		维生素 B_5（泛酸）	174.2±16.7	95.1	301.5
		维生素 B_6（吡哆醇）	59.2±2.7	33.5	104.5
		B 族维生素总量	938.7±67.0	710.6	1 409.9

（续表）

县（区）	样品数量	B族维生素种类	均值	极小值	极大值
曲水县	7份	维生素 B_1（硫胺素）	310.8±28.5	256.7	373.1
		维生素 B_2（核黄素）	36.7±1.8	31.3	44.0
		维生素 B_3（烟酸）	326.4±23.3	293.4	383.1
		维生素 B_5（泛酸）	124.2±13.4	80.7	155.8
		维生素 B_6（吡哆醇）	66.7±3.8	42.7	81.1
		B族维生素总量	864.9±65.4	710.5	1 025.9
墨竹工卡县	28份	维生素 B_1（硫胺素）	277.8±21.3	147.2	399.4
		维生素 B_2（核黄素）	43.5±2.9	33.1	55.3
		维生素 B_3（烟酸）	260.7±23.0	181.3	380.7
		维生素 B_5（泛酸）	148.3±15.1	79.8	236.3
		维生素 B_6（吡哆醇）	43.4±3.2	16.4	67.6
		B族维生素总量	773.8±63.9	569.3	953.2

如表8-4所示，针对产自拉萨市达孜区16份青稞统计分析，其主要青稞中维生素 B_1 含量范围为123.2~423.4 μg/100 g，平均含量为284.5 μg/100 g；维生素 B_2 含量范围为36.2~64.0 μg/100 g，平均含量为52.0 μg/100 g；维生素 B_3 含量范围为288.2~516.4 μg/100 g，平均含量为346.2 μg/100 g；维生素 B_5 含量范围为87.1~281.2 μg/100 g，平均含量为175.8 μg/100 g；维生素 B_6 含量范围为37.3~89.8 μg/100 g，平均含量为59.0 μg/100 g。青稞B族维生素总量范围为775.0~1 062.8 μg/100 g，平均含量为917.6 μg/100 g。

针对产自拉萨市林周县22份青稞统计分析，其主要青稞维生素 B_1 含量范围为156.3~804.9 μg/100 g，平均含量为322.3 μg/100 g；维生素 B_2 含量范围为43.6~63.7 μg/100 g，平均含量为53.7 μg/100 g；维生素 B_3 含量范围为212.3~538.8 μg/100 g，平均含量为329.3 μg/100 g；维生素 B_5 含量范围为95.1~301.5 μg/100 g，平均含量为174.2 μg/100 g；维生素 B_6 含量范围为33.5~104.5 μg/100 g，平均含量为59.2 μg/100 g。青稞B族维生素总量范围为710.6~1 409.9 μg/100 g，平均含量为938.7 μg/100 g。

针对产自拉萨市曲水县 7 份青稞统计分析，其主要青稞维生素 B_1 含量范围为 256.7～373.1 μg/100 g，平均含量为 310.8 μg/100 g；维生素 B_2 含量范围为 31.3～44.0 μg/100 g，平均含量为 36.7 μg/100 g；维生素 B_3 含量范围为 293.4～383.1 μg/100 g，平均含量为 326.4 μg/100 g；维生素 B_5 含量范围为 80.7～155.8 μg/100 g，平均含量为 124.2 μg/100 g；维生素 B_6 含量范围为 42.7～81.1 μg/100 g，平均含量为 66.7 μg/100 g。青稞 B 族维生素总量范围为 710.5～1 025.9 μg/100 g，平均含量为 864.9 μg/100 g。

针对产自拉萨市墨竹工卡县 28 份青稞统计分析，其主要青稞维生素 B_1 含量范围为 147.2～399.4 μg/100 g，平均含量为 277.8 μg/100 g；维生素 B_2 含量范围为 33.1～55.3 μg/100 g，平均含量为 43.5 μg/100 g；维生素 B_3 含量范围为 181.3～380.7 μg/100 g，平均含量为 260.7 μg/100 g；维生素 B_5 含量范围为 79.8～236.3 μg/100 g，平均含量为 148.3 μg/100 g；维生素 B_6 含量范围为 16.4～67.6 μg/100 g，平均含量为 43.4 μg/100 g。青稞 B 族维生素总量范围为 569.3～953.2 μg/100 g，平均含量为 773.8 μg/100 g。

从总体上看，73 份来源于拉萨市达孜区、林周县、曲水县、墨竹工卡县 4 个县（区）的青稞样本，维生素 B_1 平均含量由高到低顺序为：林周县（322.3 μg/100 g）>曲水县（310.8 μg/100 g）>达孜区（284.5 μg/100 g）>墨竹工卡县（277.8 μg/100 g）。维生素 B_2 平均含量由高到低顺序为：林周县（53.7 μg/100 g）>达孜区（52.0 μg/100 g）>墨竹工卡县（43.5 μg/100 g）>曲水县（36.7 μg/100 g）。维生素 B_3 平均含量由高到低顺序为：达孜区（346.2 μg/100 g）>林周县（329.3 μg/100 g）>曲水县（326.4 μg/100 g）>墨竹工卡县（260.7 μg/100 g）。维生素 B_5 平均含量由高到低顺序为：达孜区（175.8 μg/100 g）>林周县（174.2 μg/100 g）>墨竹工卡县（148.3 μg/100 g）>曲水县（124.2 μg/100 g）。维生素 B_6 平均含量由高到低顺序为：曲水县（66.7 μg/100 g）>林周县（59.2 μg/100 g）>达孜区（59.0 μg/100 g）>墨竹工卡县（43.4 μg/100 g）。从青稞 B 族维生素总量比较，平均含量由高到低顺序为：林周县（938.7 μg/100 g）>达孜区（917.6 μg/100 g）>曲水县（864.9 μg/100 g）>墨竹工卡县（773.8 μg/100 g）。

日喀则市桑珠孜区、江孜县、白朗县、康马县 4 个县（区）99 份青稞 B 族维生素含量情况，见表 8-5。

表 8-5 日喀则市各县（区）青稞 B 族维生素含量 单位：μg/100 g

县（区）	样品数量	B 族维生素种类	均值	极小值	极大值
桑珠孜区	12 份	维生素 B_1（硫胺素）	127.7±13.3	99.5	153.6
		维生素 B_2（核黄素）	55.6±2.4	42.6	72.6
		维生素 B_3（烟酸）	427.7±32.4	347.5	703.0
		维生素 B_5（泛酸）	223.8±21.0	101.5	490.6
		维生素 B_6（吡哆醇）	58.2±3.0	43.1	67.3
		B 族维生素总量	893.1±72.3	657.9	1 442.1
江孜县	38 份	维生素 B_1（硫胺素）	118.4±12.4	90.5	166.2
		维生素 B_2（核黄素）	47.1±1.8	32.1	66.3
		维生素 B_3（烟酸）	412.1±33.3	221.8	765.3
		维生素 B_5（泛酸）	193.6±15.3	81.1	879.1
		维生素 B_6（吡哆醇）	63.7±3.2	32.7	98.1
		B 族维生素总量	834.8±68.7	495.5	1 658.8
白朗县	30 份	维生素 B_1（硫胺素）	134.6±12.0	98.0	211.1
		维生素 B_2（核黄素）	50.5±2.3	33.8	71.4
		维生素 B_3（烟酸）	384.5±30.1	207.7	521.9
		维生素 B_5（泛酸）	386.1±32.2	89.7	420.6
		维生素 B_6（吡哆醇）	58.9±3.7	35.1	84.5
		B 族维生素总量	1 014.6±79.0	590.0	1 735.1
康马县	19 份	维生素 B_1（硫胺素）	115.4±13.1	95.5	154.5
		维生素 B_2（核黄素）	50.1±2.7	38.1	68.6
		维生素 B_3（烟酸）	450.1±38.8	294.0	605.5
		维生素 B_5（泛酸）	142.6±16.1	85.1	291.4
		维生素 B_6（吡哆醇）	84.9±4.3	52.0	110.3
		B 族维生素总量	843.1±75.2	618.8	1 011.3

如表 8-5 所示，针对产自日喀则市桑珠孜区 12 份青稞统计分析，其主要青稞维生素 B_1 含量范围为 99.5~153.6 μg/100 g，平均含量为 127.7 μg/100 g；维生素 B_2 含量范围为 42.6~72.6 μg/100 g，平均含量为 55.6

μg/100 g；维生素 B_3 含量范围为 347.5～703.0 μg/100 g，平均含量为 427.7 μg/100 g；维生素 B_5 含量范围为 101.5～490.6 μg/100 g，平均含量为 223.8 μg/100 g；维生素 B_6 含量范围为 43.1～67.3 μg/100 g，平均含量为 58.2 μg/100 g。青稞 B 族维生素总量范围为 657.9～1 442.1 μg/100 g，平均含量为 893.1 μg/100 g。

针对产自日喀则市江孜县 38 份青稞样本统计分析，其主要青稞维生素 B_1 含量范围为 90.5～166.2 μg/100 g，平均含量为 118.4 μg/100 g；维生素 B_2 含量范围为 32.1～66.3 μg/100 g，平均含量为 47.1 μg/100 g；维生素 B_3 含量范围为 221.8～765.3 μg/100 g，平均含量为 412.1 μg/100 g；维生素 B_5 含量范围为 81.1～879.1 μg/100 g，平均含量为 193.6 μg/100 g；维生素 B_6 含量范围为 32.7～98.1 μg/100 g，平均含量为 63.7 μg/100 g。青稞 B 族维生素总量范围为 495.5～1 658.8 μg/100 g，平均含量为 834.8 μg/100 g。

针对产自日喀则市白朗县 30 份青稞样本统计分析，其主要青稞维生素 B_1 含量范围为 98.0～211.1 μg/100 g，平均含量为 134.6 μg/100 g；维生素 B_2 含量范围为 33.8～71.4 μg/100 g，平均含量为 50.5 μg/100 g；维生素 B_3 含量范围为 207.7～521.9 μg/100 g，平均含量为 384.5 μg/100 g；维生素 B_5 含量范围为 89.7～420.6 μg/100 g，平均含量为 386.1 μg/100 g；维生素 B_6 含量范围为 35.1～84.5 μg/100 g，平均含量为 58.9 μg/100 g。青稞 B 族维生素总量范围为 590.0～1 735.1 μg/100 g，平均含量为 1 014.6 μg/100 g。

针对产自日喀则市康马县 19 份青稞样本统计分析，其主要青稞维生素 B_1 含量范围为 95.5～154.5 μg/100 g，平均含量为 115.4 μg/100 g；维生素 B_2 含量范围为 38.1～68.6 μg/100 g，平均含量为 50.1 μg/100 g；维生素 B_3 含量范围为 294.0～605.5 μg/100 g，平均含量为 450.1 μg/100 g；维生素 B_5 含量范围为 85.1～291.4 μg/100 g，平均含量为 142.6 μg/100 g；维生素 B_6 含量范围为 52.0～110.3 μg/100 g，平均含量为 84.9 μg/100 g。青稞 B 族维生素总量范围为 618.8 μ～1 011.3 μg/100 g，平均含量为 843.1 μg/100 g。

总体上看，99 份来源于桑珠孜区、江孜县、白朗县、康马县 4 个县（区）的青稞样本，维生素 B_1 平均含量由高到低顺序为：白朗县（134.6 μg/100 g）＞桑珠孜区（127.7 μg/100 g）＞江孜县（118.4

μg/100 g）>康马县（115.4 μg/100 g）。维生素 B_2 平均含量由高到低顺序为：桑珠孜区（55.6 μg/100 g）>白朗县（50.5 μg/100 g）>康马县（50.1 μg/100 g）>江孜县（47.1 μg/100 g）。维生素 B_3 平均含量由高到低顺序为：康马县（450.1 μg/100 g）>桑珠孜区（427.7 μg/100 g）>江孜县（412.1 μg/100 g）>白朗县（384.5 μg/100 g）。维生素 B_5 平均含量由高到低顺序为：白朗县（386.1 μg/100 g）>桑珠孜区（223.8 μg/100 g）>江孜县（193.6 μg/100 g）>康马县（142.6 μg/100 g）。维生素 B_6 平均含量由高到低顺序为：康马县（84.9 μg/100 g）>江孜县（63.7 μg/100 g）>白朗县（58.9 μg/100 g）>桑珠孜区（58.2 μg/100 g）。从青稞 B 族维生素总量比较，平均含量由高到低顺序为：白朗县（1 014.6 μg/100 g）>桑珠孜区（893.1 μg/100 g）>康马县（843.1 μg/100 g）>江孜县（834.8 μg/100 g）。

山南市乃东区、扎囊县、贡嘎县、桑日县和隆子县 5 个县（区）71 份青稞 B 族维生素含量情况，见表 8-6。

表 8-6 山南市各县（区）青稞 B 族维生素含量 单位：μg/100 g

县(区)名称	样品数量	B 族维生素种类	均值	极小值	极大值
乃东区	6 份	维生素 B_1（硫胺素）	279.1±26.6	222.7	342.6
		维生素 B_2（核黄素）	35.7±2.4	28.1	43.3
		维生素 B_3（烟酸）	476.5±43.2	402.0	573.6
		维生素 B_5（泛酸）	215.4±22.9	80.1	444.3
		维生素 B_6（吡哆醇）	84.7±3.6	69.3	101.5
		B 族维生素总量	1 091.4±76.0	923.8	1 313.7
扎囊县	14 份	维生素 B_1（硫胺素）	267.2±25.6	216.4	302.1
		维生素 B_2（核黄素）	89.5±4.3	27.6	292.6
		维生素 B_3（烟酸）	500.5±45.0	231.2	667.8
		维生素 B_5（泛酸）	248.1±24.1	75.4	800.6
		维生素 B_6（吡哆醇）	61.3±3.2	45.0	83.3
		B 族维生素总量	1 166.6±82.8	713.3	2 092.8

（续表）

县(区)名称	样品数量	B族维生素种类	均值	极小值	极大值
贡嘎县	34份	维生素 B_1（硫胺素）	258.3±23.5	193.0	327.0
		维生素 B_2（核黄素）	110.3±7.8	27.6	285.0
		维生素 B_3（烟酸）	383.6±26.0	243.6	631.6
		维生素 B_5（泛酸）	201.1±21.1	81.6	403.5
		维生素 B_6（吡哆醇）	59.7±3.2	36.2	88.8
		B族维生素总量	1 013.0±74.5	691.1	1 489.2
桑日县	11份	维生素 B_1（硫胺素）	221.9±23.6	145.5	280.1
		维生素 B_2（核黄素）	31.7±1.8	22.0	38.4
		维生素 B_3（烟酸）	400.0±27.2	175.0	732.4
		维生素 B_5（泛酸）	178.0±15.2	98.0	466.5
		维生素 B_6（吡哆醇）	58.5±3.9	33.5	79.5
		B族维生素总量	890.2±68.9	588.0	1 200.1
隆子县	6份	维生素 B_1（硫胺素）	236.7±25.8	183.3	273.1
		维生素 B_2（核黄素）	40.2±3.2	34.2	54.4
		维生素 B_3（烟酸）	402.9±27.2	271.3	481.9
		维生素 B_5（泛酸）	132.0±10.8	111.4	158.3
		维生素 B_6（吡哆醇）	116.5±9.7	94.6	141.2
		B族维生素总量	928.1±71.2	794.2	1 059.2

如表8-6所示，针对产自山南市乃东区6份青稞样本统计分析，其主要青稞维生素 B_1 含量范围为222.7～342.6 μg/100 g，平均含量为279.1 μg/100 g；维生素 B_2 含量范围为28.1～43.3 μg/100 g，平均含量为35.7 μg/100 g；维生素 B_3 含量范围为402.0～573.6 μg/100 g，平均含量为476.5 μg/100 g；维生素 B_5 含量范围为80.1～444.3 μg/100 g，平均含量为215.4 μg/100 g；维生素 B_6 含量范围为69.3～101.5 μg/100 g，平均含量为84.7 μg/100 g。青稞B族维生素总量范围为923.8～1 313.7 μg/100 g，平均含量为1 091.4 μg/100 g。

针对产自山南市扎囊县14份青稞样本统计分析，其主要青稞维生素 B_1 含量范围为216.4～302.1 μg/100 g，平均含量为267.2 μg/100 g；维

生素 B_2 含量范围为 27.6～292.6 μg/100 g，平均含量为 89.5 μg/100 g；维生素 B_3 含量范围为 231.2～667.8 μg/100 g，平均含量为 500.5 μg/100 g；维生素 B_5 含量范围为 75.4～800.6 μg/100 g，平均含量为 248.1 μg/100 g；维生素 B_6 含量范围为 45.0～83.3 μg/100 g，平均含量为 61.3 μg/100 g。青稞 B 族维生素总量范围为 713.3～2 092.8 μg/100 g，平均含量为1 166.6 μg/100 g。

针对产自山南市贡嘎县 34 份青稞样本统计分析，其主要青稞维生素 B_1 含量范围为 193.0～327.0 μg/100 g，平均含量为 258.3 μg/100 g；维生素 B_2 含量范围为 27.6～285.0 μg/100 g，平均含量为 110.3 μg/100 g；维生素 B_3 含量范围为 243.6～631.6 μg/100 g，平均含量为 383.6 μg/100 g；维生素 B_5 含量范围为 81.6～403.5 μg/100 g，平均含量为 201.1 μg/100 g；维生素 B_6 含量范围为 36.2～88.8 μg/100 g，平均含量为 59.7 μg/100 g。青稞 B 族维生素总量范围为 691.1～1 489.2 μg/100 g，平均含量为 1 013.0 μg/100 g。

针对产自山南市桑日县 11 份青稞样本统计分析，其主要青稞维生素 B_1 含量范围为 145.5～280.1 μg/100 g，平均含量为 221.9 μg/100 g；维生素 B_2 含量范围为 22.0～38.4 μg/100 g，平均含量为 31.7 μg/100 g；维生素 B_3 含量范围为 175.0～732.4 μg/100 g，平均含量为 400.0 μg/100 g；维生素 B_5 含量范围为 98.0～466.5 μg/100 g，平均含量为 178.0 μg/100 g；维生素 B_6 含量范围为 33.5～79.5 μg/100 g，平均含量为 58.5 μg/100 g。青稞 B 族维生素总量范围为 588.0～1 200.1 μg/100 g，平均含量为 890.2 μg/100 g。

针对产自山南市隆子县 6 份青稞样本统计分析，其主要青稞维生素 B_1 含量范围为 183.3～273.1 μg/100 g，平均含量为 236.7 μg/100 g；维生素 B_2 含量范围为 34.2～54.4 μg/100 g，平均含量为 40.2 μg/100 g；维生素 B_3 含量范围为 271.3～481.9 μg/100 g，平均含量为 402.9 μg/100 g；维生素 B_5 含量范围为 111.4～158.3 μg/100 g，平均含量为 132.0 μg/100 g；维生素 B_6 含量范围为 94.6～141.2 μg/100 g，平均含量为 116.5 μg/100 g。青稞 B 族维生素总量范围为 794.2～1 059.2 μg/100 g，平均含量为 928.1 μg/100 g。

总体上看，71 份来源于山南市乃东区、扎囊县、贡嘎县、桑日县、隆子县 5 个县（区）产地的青稞样本，维生素 B_1 平均含量由高到低顺序为：乃东区（279.1 μg/100 g）>扎囊县（267.2 μg/100 g）>贡嘎县（258.3 μg/100 g）>隆子县（236.7 μg/100 g）>桑日县（221.9 μg/100 g）。维生素 B_2 平均含量由高到低顺序为：乃东区贡嘎县（110.3 μg/100 g）>扎囊县（89.5 μg/100 g）>隆子县（40.2 μg/100 g）>（35.7 μg/100 g）>桑日县（31.7 μg/100 g）。维生素 B_3 平均含量由高到低顺序为：扎囊县（500.5 μg/100 g）>乃东区（476.5 μg/100 g）>隆子县（402.9 μg/100 g）>桑日县（400.0 μg/100 g）>贡嘎县（383.6 μg/100 g）。维生素 B_5 平均含量由高到低顺序为：扎囊县（248.1 μg/100 g）>乃东区（215.4 μg/100 g）>贡嘎县（201.1 μg/100 g）>桑日县（178.0 μg/100 g）>隆子县（132.0 μg/100 g）。维生素 B_6 平均含量由高到低顺序为：隆子县（116.5 μg/100 g）>乃东区（84.7 μg/100 g）>扎囊县（61.3 μg/100 g）>贡嘎县（59.7 μg/100 g）>桑日县（58.5 μg/100 g）。从青稞 B 族维生素总量比较，平均含量由高到低顺序为：扎囊县（1 166.6 μg/100 g）>乃东区（1 091.4 μg/100 g）>贡嘎县（1 013.0 μg/100 g）>隆子县（928.1 μg/100 g）>桑日县（890.2 μg/100 g）。

林芝市巴宜区、工布江达县、米林县（米林市）、朗县 4 个县（市、区）42 份青稞 B 族维生素含量情况，见表 8-7。

表 8-7　林芝市各县（市、区）青稞 B 族维生素含量 单位：μg/100 g

县（市、区）	样品数量	B 族维生素种类	均值	极小值	极大值
巴宜区	12 份	维生素 B_1（硫胺素）	205.5±16.6	106.5	312.4
		维生素 B_2（核黄素）	151.2±12.5	39.7	294.3
		维生素 B_3（烟酸）	468.6±45.8	380.0	642.8
		维生素 B_5（泛酸）	246.6±18.8	158.9	376.5
		维生素 B_6（吡哆醇）	66.3±2.2	41.2	102.0
		B 族维生素总量	1 138.2±90.9	787.1	1 599.2
工布江达县	4 份	维生素 B_1（硫胺素）	310.6±31.7	274.0	349.4
		维生素 B_2（核黄素）	248.0±18.1	230.9	268.8
		维生素 B_3（烟酸）	461.9±47.2	409.6	573.3
		维生素 B_5（泛酸）	287.3±20.8	220.2	361.3
		维生素 B_6（吡哆醇）	77.2±4.5	67.0	94.5
		B 族维生素总量	1 384.9±99.5	1 239.4	1 571.9

（续表）

县（市、区）	样品数量	B族维生素种类	均值	极小值	极大值
米林县（米林市）	11份	维生素 B_1（硫胺素）	211.2±17.6	140.4	291.1
		维生素 B_2（核黄素）	116.1±9.3	37.1	251.7
		维生素 B_3（烟酸）	515.4±56.9	371.6	685.6
		维生素 B_5（泛酸）	188.6±12.9	71.3	475.2
		维生素 B_6（吡哆醇）	63.7±4.6	42.7	88.6
		B族维生素总量	1 095.0±85.1	728.1	1 498.9
朗县	15份	维生素 B_1（硫胺素）	217.6±15.7	152.5	290.3
		维生素 B_2（核黄素）	122.4±11.9	32.3	257.3
		维生素 B_3（烟酸）	433.8±50.9	331.2	636.8
		维生素 B_5（泛酸）	173.8±16.8	73.5	357.6
		维生素 B_6（吡哆醇）	61.3±3.9	30.0	130.8
		B族维生素总量	1 009.1±83.7	717.0	1 277.8

如表8-7所示，针对产自林芝市巴宜区12份青稞样本统计分析，其主要青稞维生素 B_1 含量范围为106.5~312.4 μg/100 g，平均含量为205.5 μg/100 g；维生素 B_2 含量范围为39.7~294.3 μg/100 g，平均含量为151.2 μg/100 g；维生素 B_3 含量范围为380.0~642.8 μg/100 g，平均含量为468.6 μg/100 g；维生素 B_5 含量范围为158.9~376.5 μg/100 g，平均含量为246.6 μg/100 g；维生素 B_6 含量范围为41.2~102.0 μg/100 g，平均含量为66.3 μg/100 g。青稞B族维生素总量范围为787.1~1 599.2 μg/100 g，平均含量为1 138.2 μg/100 g。

针对产自林芝市工布江达县4份青稞样本统计分析，其主要青稞维生素 B_1 含量范围为274.0~349.4 μg/100 g，平均含量为310.6 μg/100 g；维生素 B_2 含量范围为230.9~268.8 μg/100 g，平均含量为248.0 μg/100 g；维生素 B_3 含量范围为409.6~573.3 μg/100 g，平均含量为461.9 μg/100 g；维生素 B_5 含量范围为220.2~361.3 μg/100 g，平均含量为287.3 μg/100 g；维生素 B_6 含量范围为67.0~94.5 μg/100 g，平均含量为77.2 μg/100 g。青稞B族维生素总量范围为1 239.4~1 571.9 μg/100 g，平均含量为1 384.9 μg/100 g。

针对产自林芝市米林县（米林市）11 份青稞样本统计分析，其主要青稞维生素 B_1 含量范围为 140.4～291.1 μg/100 g，平均含量为 211.2 μg/100 g；维生素 B_2 含量范围为 37.1～251.7 μg/100 g，平均含量为 116.1 μg/100 g；维生素 B_3 含量范围为 371.6～685.6 μg/100 g，平均含量为 515.4 μg/100 g；维生素 B_5 含量范围为 71.3～475.2 μg/100 g，平均含量为 188.6 μg/100 g；维生素 B_6 含量范围为 42.7～88.6 μg/100 g，平均含量为 63.7 μg/100 g。青稞 B 族维生素总量范围为 728.1～1 498.9 μg/100 g，平均含量为1 095.0 μg/100 g。

针对产自林芝市朗县 15 份青稞样本统计分析，其主要青稞维生素 B_1 含量范围为 152.5～290.3 μg/100 g，平均含量为 217.6 μg/100 g；维生素 B_2 含量范围为 32.3～257.3 μg/100 g，平均含量为 122.4 μg/100 g；维生素 B_3 含量范围为 331.2～636.8 μg/100 g，平均含量为 433.8 μg/100 g；维生素 B_5 含量范围为 73.5～357.6 μg/100 g，平均含量为 173.8 μg/100 g；维生素 B_6 含量范围为 30.0～130.8 μg/100 g，平均含量为 61.3 μg/100 g。青稞 B 族维生素总量范围为 717.0～1 277.8 μg/100 g，平均含量为1 009.1 μg/100 g。

总体上看，42 份来源于林芝市巴宜区、工布江达县、米林县（米林市）、朗县 4 个县（市、区）的产地青稞样本，维生素 B_1 平均含量由高到低顺序为：工布江达县（310.6 μg/100 g）>朗县（217.6 μg/100 g）>米林县（米林市）（211.2 μg/100 g）>巴宜区（205.5 μg/100 g）。维生素 B_2 平均含量由高到低顺序为：工布江达县（248.0 μg/100 g）>巴宜区（151.2 μg/100 g）>朗县（122.4 μg/100 g）>米林县（米林市）（116.1 μg/100 g）。维生素 B_3 平均含量由高到低顺序为：米林县（米林市）（515.4 μg/100 g）>巴宜区（468.6 μg/100 g）>工布江达县（461.9 μg/100 g）>朗县（433.8 μg/100 g）>。维生素 B_5 平均含量由高到低顺序为：工布江达县（287.3 μg/100 g）>巴宜区（246.6 μg/100 g）>米林县（米林市）（188.6 μg/100 g）>朗县（173.8 μg/100 g）。维生素 B_6 平均含量由高到低顺序为：工布江达县（77.2 μg/100 g）>巴宜区（66.3 μg/100 g）>米林县（米林市）（63.7 μg/100 g）>朗县（61.3 μg/100 g）。从青稞 B 族维生素总量比较，平均含量由高到低顺序为：工布江达县（1 384.9 μg/100 g）>巴宜区（1 138.2 μg/100 g）>米林县（米林市）（1 095.0 μg/100 g）>朗县

（1 009.1 μg/100 g）。

昌都市卡若区、左贡县、察雅县、芒康县、洛隆县、边坝县 6 个县（区）63 份青稞 B 族维生素含量情况，见表 8-8。

表 8-8 昌都市各县（区）青稞 B 族维生素含量 单位：μg/100 g

县（区）	样品数量	B 族维生素种类	均值	极小值	极大值
卡若区	6 份	维生素 B_1（硫胺素）	354.5±35.5	316.9	414.5
		维生素 B_2（核黄素）	38.5±3.0	32.8	49.0
		维生素 B_3（烟酸）	313.0±28.3	256.0	382.8
		维生素 B_5（泛酸）	126.1±10.7	101.0	173.0
		维生素 B_6（吡哆醇）	70.8±5.3	61.0	89.3
		B 族维生素总量	902.7±72.9	776.5	1 033.4
左贡县	23 份	维生素 B_1（硫胺素）	273.8±24.8	195.6	419.8
		维生素 B_2（核黄素）	53.3±3.7	39.6	66.4
		维生素 B_3（烟酸）	386.8±36.5	236.5	740.5
		维生素 B_5（泛酸）	282.9±25.7	123.5	684.3
		维生素 B_6（吡哆醇）	71.1±4.1	4.0	130.8
		B 族维生素总量	1 067.9±75.5	786.0	1 578.9
察雅县	12 份	维生素 B_1（硫胺素）	301.7±30.6	224.8	405.5
		维生素 B_2（核黄素）	52.8±3.7	39.3	62.7
		维生素 B_3（烟酸）	425.4±38.3	326.1	538.0
		维生素 B_5（泛酸）	228.7±22.6	133.7	338.2
		维生素 B_6（吡哆醇）	81.0±5.4	69.7	92.0
		B 族维生素总量	1 089.6±80.7	994.1	1 231.5
芒康县	6 份	维生素 B_1（硫胺素）	378.6±41.6	292.6	460.2
		维生素 B_2（核黄素）	48.3±3.4	35.5	73.1
		维生素 B_3（烟酸）	317.5±34.0	187.6	544.6
		维生素 B_5（泛酸）	153.4±8.4	103.0	195.6
		维生素 B_6（吡哆醇）	49.0±2.8	29.7	88.6
		B 族维生素总量	946.8±78.7	740.7	1 197.5

（续表）

县（区）	样品数量	B 族维生素种类	均值	极小值	极大值
洛隆县	13 份	维生素 B_1（硫胺素）	302.8±30.0	201.1	417.4
		维生素 B_2（核黄素）	55.9±3.2	48.0	67.7
		维生素 B_3（烟酸）	274.4±27.7	178.3	385.5
		维生素 B_5（泛酸）	202.9±23.7	94.1	595.0
		维生素 B_6（吡哆醇）	54.1±3.5	38.0	73.1
		B 族维生素总量	890.1±71.8	636.1	1 233.0
边坝县	3 份	维生素 B_1（硫胺素）	331.4±31.2	284.2	360.1
		维生素 B_2（核黄素）	49.2±4.6	44.3	55.3
		维生素 B_3（烟酸）	332.6±17.0	315.7	349.7
		维生素 B_5（泛酸）	134.4±8.2	114.8	150.8
		维生素 B_6（吡哆醇）	78.9±6.4	68.0	90.8
		B 族维生素总量	926.5±74.0	843.8	986.6

如表 8-8 所示，针对产自昌都市卡若区 6 份青稞样本统计分析，其主要青稞维生素 B_1 含量范围为 316.9～414.5 μg/100 g，平均含量为 354.5 μg/100 g；维生素 B_2 含量范围为 32.8～49.0 μg/100 g，平均含量为 38.5 μg/100 g；维生素 B_3 含量范围为 256.0～382.8 μg/100 g，平均含量为 313.0 μg/100 g；维生素 B_5 含量范围为 101.0～173.0 μg/100 g，平均含量为 126.1 μg/100 g；维生素 B_6 含量范围为 61.0～89.3 μg/100 g，平均含量为 70.8 μg/100 g。青稞 B 族维生素总量范围为 776.5～1 033.4 μg/100 g，平均含量为 902.7 μg/100 g。

针对产自昌都市左贡县 26 份青稞样本统计分析，其主要青稞维生素 B_1 含量范围为 195.6～419.8 μg/100 g，平均含量为 273.8 μg/100 g；维生素 B_2 含量范围为 39.6～66.4 μg/100 g，平均含量为 53.3 μg/100 g；维生素 B_3 含量范围为 236.5～740.5 μg/100 g，平均含量为 386.8 μg/100 g；维生素 B_5 含量范围为 123.5～684.3 μg/100 g，平均含量为 282.9 μg/100 g；维生素 B_6 含量范围为 4.0～130.8 μg/100 g，平均含量为 71.1 μg/100 g。青稞 B 族维生素总量范围为 786.0～1 578.9 μg/100 g，平均含量为1 067.9 μg/100 g。

针对产自昌都市察雅县 12 份青稞样本统计分析，其主要青稞维生素 B_1 含量范围为 224. 8～405. 5 μg/100 g，平均含量为 301. 7 μg/100 g；维生素 B_2 含量范围为 39. 3～62. 7 μg/100 g，平均含量为 52. 8 μg/100 g；维生素 B_3 含量范围为 326. 1～538. 0 μg/100 g，平均含量为 425. 4 μg/100 g；维生素 B_5 含量范围为 133. 7～338. 2 μg/100 g，平均含量为 228. 7 μg/100 g；维生素 B_6 含量范围为 69. 7～92. 0 μg/100 g，平均含量为 81. 0 μg/100 g。青稞中 B 族维生素总量范围为 994. 1～1 231. 5 μg/100 g，平均含量为1 089. 6 μg/100 g。

针对产自昌都市芒康县 6 份青稞样本统计分析，其主要青稞中维生素 B_1 含量范围为 292. 6～460. 2 μg/100 g，平均含量为 378. 6 μg/100 g；维生素 B_2 含量范围为 35. 5～73. 1 μg/100 g，平均含量为 48. 3 μg/100 g；维生素 B_3 含量范围为 187. 6～544. 6 μg/100 g，平均含量为 317. 5 μg/100 g；维生素 B_5 含量范围为 103. 0～195. 6 μg/100 g，平均含量为 153. 4 μg/100 g；维生素 B_6 含量范围为 29. 7～88. 6 μg/100 g，平均含量为 49. 0 μg/100 g。青稞 B 族维生素总量范围为 740. 7～1 197. 5 μg/100 g，平均含量为 946. 8 μg/100 g。

针对产自昌都市洛隆县 13 份青稞样本统计分析，其主要青稞维生素 B_1 含量范围为 201. 1～417. 4 μg/100 g，平均含量为 302. 8 μg/100 g；维生素 B_2 含量范围为 48. 0～67. 7 μg/100 g，平均含量为 55. 9 μg/100 g；维生素 B_3 含量范围为 178. 3～385. 5 μg/100 g，平均含量为 274. 4 μg/100 g；维生素 B_5 含量范围为 94. 1～595. 0 μg/100 g，平均含量为 202. 9 μg/100 g；维生素 B_6 含量范围为 38. 0～73. 1 μg/100 g，平均含量为 54. 1 μg/100 g。青稞 B 族维生素总量范围为 636. 1～1 233. 0 μg/100 g，平均含量为 890. 1 μg/100 g。

针对产自昌都市边坝县 3 份青稞样本统计分析，其主要青稞维生素 B_1 含量范围为 284. 2～360. 1 μg/100 g，平均含量为 331. 4 μg/100 g；维生素 B_2 含量范围为 44. 3～55. 3 μg/100 g，平均含量为 49. 2 μg/100 g；维生素 B_3 含量范围为 315. 7～349. 7 μg/100 g，平均含量为 332. 6 μg/100 g；维生素 B_5 含量范围为 114. 8～150. 8 μg/100 g，平均含量为 134. 4 μg/100 g；维生素 B_6 含量范围为 68. 0～90. 8 μg/100 g，平均含量为 78. 9 μg/100 g。青稞 B 族维生素总量范围为 843. 8～986. 6 μg/100 g，平均含量为 926. 5 μg/100 g。

总体上看，63 份来源于昌都市卡若区、左贡县、察雅县、芒康县、洛隆县、边坝县 6 个县（区）的青稞样本，维生素 B_1 平均含量由高到低顺序为：芒康县（378.6 μg/100 g）>卡若区（354.5 μg/100 g）>边坝县（331.4 μg/100 g）>洛隆县（302.8 μg/100 g）>察雅县（301.7 μg/100 g）>左贡县（273.8 μg/100 g）。维生素 B_2 平均含量由高到低顺序为：洛隆县（55.9 μg/100 g）>左贡县（53.3 μg/100 g）>察雅县（52.8 μg/100 g）>边坝县（49.2 μg/100 g）>芒康县（48.3 μg/100 g）>卡若区（38.5 μg/100 g）。维生素 B_3 平均含量由高到低顺序为：察雅县（425.4 μg/100 g）>左贡县（386.8 μg/100 g）>边坝县（332.6 μg/100 g）>芒康县（317.5 μg/100 g）>卡若区（313.0 μg/100 g）>洛隆县（274.4 μg/100 g）。维生素 B_5 平均含量由高到低顺序为：左贡县（282.9 μg/100 g）>察雅县（228.7 μg/100 g）洛隆县（202.9 μg/100 g）>芒康县（153.4 μg/100 g）>边坝县（134.4 μg/100 g）>卡若区（126.1 μg/100 g）。维生素 B_6 平均含量由高到低顺序为：察雅县（81.0 μg/100 g）>边坝县（78.9 μg/100 g）>左贡县（71.1 μg/100 g）>卡若区（70.8 μg/100 g）>洛隆县（54.1 μg/100 g）>芒康县（49.0 μg/100 g）。从 B 族维生素总量比较，平均含量由高到低顺序为：察雅县（1 089.6 μg/100 g）>左贡县（1 067.9 μg/100 g）>芒康县（946.8 μg/100 g）>边坝县（926.5 μg/100 g）>卡若区（902.7 μg/100 g）>洛隆县（890.1 μg/100 g）。

8.3.5 不同品种青稞 B 族维生素含量

西藏 319 份不同品种的青稞 B 族维生素含量情况，见表 8-9。

表 8-9 不同品种青稞 B 族维生素含量 单位：μg/100 g

品种	样品数量	维生素 B_1（硫胺素）	维生素 B_2（核黄素）	维生素 B_3（烟酸）	维生素 B_5（泛酸）	维生素 B_6（吡哆醇）	B 族维生素总量
藏青 2000	89 份	246.4	62.6	378.6	173.4	62.5	923.7
藏青 320	13 份	123.9	48.6	415.5	155.9	69.7	813.7
喜马拉 22	66 份	252.3	63.8	309.6	192.3	53.9	871.8
喜马拉 19	5 份	118.6	43.3	434.0	187.2	74.4	857.5
冬青 18	34 份	204.9	114.2	436.4	198.7	58.6	1 012.9

（续表）

品种	样品数量	维生素 B_1（硫胺素）	维生素 B_2（核黄素）	维生素 B_3（烟酸）	维生素 B_5（泛酸）	维生素 B_6（吡哆醇）	B 族维生素总量
察雅黑青稞	13 份	304. 5	51. 8	422. 2	219. 9	81. 6	1 080. 0
黑青稞	27 份	222. 3	44. 0	421. 5	171. 5	95. 3	954. 5
蓝青稞	30 份	245. 7	52. 8	419. 1	143. 5	62. 1	923. 2
康青	3 份	232. 4	60. 0	319. 2	286. 1	97. 1	1 016. 0
藏青 3000	23 份	221. 6	107. 0	447. 7	527. 4	58. 9	1 362. 5
藏青 17	7 份	110. 1	43. 9	428. 3	224. 3	66. 9	873. 7
喜马拉 23	5 份	117. 3	50. 9	430. 9	143. 6	57. 2	799. 9
山青 9 号	4 份	245. 7	39. 0	469. 9	123. 6	54. 1	932. 2

如表 8-9 所示，维生素 B_1 平均含量由高到低顺序为：察雅黑青稞（304. 5 μg/100 g）>喜马拉 22（252. 3 μg/100 g）>藏青 2000（246. 4 μg/100 g）>山青 9 号和蓝青稞（245. 7 μg/100 g）>康青（232. 4 μg/100 g）>黑青稞（222. 3 μg/100 g）>藏青 3000（221. 6 μg/100 g）>冬青 18（204. 9 μg/100 g）>藏青 320（123. 9 μg/100 g）>喜马拉 19（118. 6 μg/100 g）>喜马拉 23（117. 3 μg/100 g）>藏青 17（110. 1 μg/100 g）。其中，藏青 2000、山青 9 号、蓝青稞品种维生素 B_1 含量相差不大，黑青稞与藏青 3000 品种维生素 B_1 含量类似，喜马拉 19 与喜马拉 23 两个品种的维生素 B_1 含量也相差不大。

维生素 B_2 平均含量由高到低顺序为：冬青 18（114. 2 μg/100 g）>藏青 3000（107. 0 μg/100 g）>喜马拉 22（63. 8 μg/100 g）>藏青 2000（62. 6 μg/100 g）>康青（60. 0 μg/100 g）>蓝青稞（52. 8 μg/100 g）>察雅黑青稞（51. 8 μg/100 g）>喜马拉 23（50. 9 μg/100 g）>藏青 320（48. 6 μg/100 g）>黑青稞（44. 0 μg/100 g）>藏青 17（43. 9 μg/100 g）>喜马拉 19（43. 3 μg/100 g）>山青 9 号（39. 0 μg/100 g）。其中，冬青 18 和藏青 3000 两个品种 B_2 平均含量最高，均超过了 100. 0 μg/100 g；喜马拉 22、藏青 2000、康青三个品种维生素 B_2 平均含量差异不大；蓝青稞、察雅黑青稞、喜马拉 23、藏青 320 四个品种的维生素 B_2 平均含量约在 50 μg/100 g；而黑青稞、藏青 17、喜马拉 19 和山青 9 号四个品种的维生素 B_2 平均含量在 40 μg/100 g左右。

维生素 B_3 平均含量由高到低顺序为：山青 9 号（469.9 μg/100 g）>藏青 3000（447.7 μg/100 g）>冬青 18（436.4 μg/100 g）>喜马拉 19（434.0 μg/100 g）>喜马拉 23（430.9 μg/100 g）>藏青 17（428.3 μg/100 g）>察雅黑青稞（422.2 μg/100 g）>黑青稞（421.5 μg/100 g）>蓝青稞（419.1 μg/100 g）>藏青 320（415.5 μg/100 g）>藏青 2000（378.6 μg/100 g）>康青（319.2 μg/100 g）>喜马拉 22（309.6 μg/100 g）。其中，山青 9 号和藏青 3000 品种维生素 B_3 含量较高，冬青 18、喜马拉 19、喜马拉 23、藏青 17 四个品种维生素 B_3 含量差异不大。

维生素 B_5 平均含量由高到低顺序为：藏青 3000（527.4 μg/100 g）>康青（286.1 μg/100 g）>藏青 17（224.3 μg/100 g）>察雅黑青稞（219.9 μg/100 g）>冬青 18（198.7 μg/100 g）>喜马拉 22（192.3 μg/100 g）>喜马拉 19（187.2 μg/100 g）>藏青 2000（173.4 μg/100 g）>黑青稞（171.5 μg/100 g）>藏青 320（155.9 μg/100 g）>喜马拉 23（143.6 μg/100 g）>蓝青稞（143.5 μg/100 g）>山青 9 号（123.6 μg/100 g）。藏青 3000 品种的维生素 B_5 平均含量高达 527.4 μg/100 g，其次是康青品种的维生素 B_5 平均含量在 280 μg/100 g左右，藏青 17、察雅黑青稞、冬青 18、喜马拉 22 四个青稞品种的维生素 B_5 平均含量在 200 μg/100 g左右，藏青 2000、黑青稞两个青稞品种的维生素 B_5 平均含量在 170 μg/100 g左右，藏青 320、喜马拉 23、蓝青稞三个品种的维生素 B_5 平均含量在 140 μg/100 g左右，而山青 9 号青稞品种的维生素 B5 平均含量在 123.6 μg/100 g为最低。

维生素 B_6 平均含量由高到低顺序为：康青（97.1 μg/100 g）>黑青稞（95.3 μg/100 g）>察雅黑青稞（81.6 μg/100 g）>喜马拉 19（74.4 μg/100 g）>藏青 320（69.7 μg/100 g）>藏青 17（66.9 μg/100 g）>藏青 2000（62.5 μg/100 g）>蓝青稞（62.1 μg/100 g）>藏青 3000（58.9 μg/100 g）>冬青 18（58.6 μg/100 g）>喜马拉 23（57.2 μg/100 g）>山青 9 号（54.1 μg/100 g）>喜马拉 22（53.9 μg/100 g）。13 个青稞品种维生素 B_6 含量大小差异较大，青稞品种维生素 B_6 含量较高的康青（97.1 μg/100 g）与含量较低的喜马拉 22（53.9 μg/100 g）差异近两倍；其余的藏青 17、藏青 2000、蓝青稞、藏青 3000、冬青 18、喜马拉 23、山青 9 号七个青稞品种维生素 B_6 含量差异不大，维生素 B_6 含量基本在 60

μg/100 g左右。

如表 8-9 所示，青稞 B 族维生素总量平均含量由高到低顺序为：藏青 3000（1 362.5 μg/100 g）>察雅黑青稞（1 080.0 μg/100 g）>康青（1 016.0 μg/100 g）>冬青 18（1 012.9 μg/100 g）>黑青稞（954.5 μg/100 g）>山青 9 号（932.2 μg/100 g）>藏青 2000（923.7 μg/100 g）>蓝青稞（923.2 μg/100 g）>藏青 17（873.7 μg/100 g）>喜马拉 22（871.8 μg/100 g）>喜马拉 19（857.5 μg/100 g）>藏青 320（813.7 μg/100 g）>喜马拉 23（799.9 μg/100 g）。可以看出藏青 3000 品种 B 族维生素总量平均含量 1 362.5 μg/100 g为最高，察雅黑青稞、康青和冬青 18 三个青稞品种 B 族维生素总量平均含量在 1 000 μg/100 g左右，山青 9 号、藏青 2000、蓝青稞和藏青 17 四个青稞品种 B 族维生素总量平均含量在 900 μg/100 g左右；而藏青 320、喜马拉 23 两个青稞品种 B 族维生素总量平均含量在 800 μg/100 g左右，相对较低。尽管青稞维生素含量较少，但是种类相对较为齐全。前人学者探讨西藏山南市隆子县产青稞，其黑青稞维生素 B_1、维生素 B_2、维生素 B_6 的含量分为 27.3 μg/100 g、76.8 μg/100 g、159 μg/100 g，白青稞维生素 B_1、维生素 B_2、维生素 B_6 的含量分别为 18.3 μg/100 g、20.2 μg/100 g、136 μg/100 g，与本研究结果数据相吻合。由此可见，青稞对人体 B 族维生素补益与保健存在一定功效。

参考文献

巴桑玉珍，2017. 青稞种质资源研究进展［J］. 西藏农业科技，39（3）：1-4.

毕玉蓉，2015. 青稞对环境胁迫的生理响应及信号转导与分子机理研究. 兰州大学，2015-12-15.

车富红，冯声宝，李善文，等，2019. 几个青稞主产区不同青稞品种的微量成分差异分析［J］. 酿酒科技，305（11）：113-118.

崇禾萌，张亚男，马欣雨，等，2023. B 族维生素与遗传代谢病防治［J］. 中国实用儿科杂志，38（10）：731-735.

葛毅强，葛玮东，2000. 维生素 E 的生理保健功能［J］. 中国食物与营养（4）：43-44.

贾慧萍，胡樱，王慧春，2020. 青藏高原青稞营养功能成分与开发利用现状分析［J］. 青海草业，29（1）：43-48.
矫晓丽，迟晓峰，董琦，等，2011. 青海地市不同品种青稞中 B 族维生素含量分布［J］. 氨基酸和生物资源，33（2）：13-16.
阚建全，洪晴悦，2020. 青稞生物活性成分及其生理功能研究进展［J］. 食品科学技术学报，38（6）：11-20.
梁寒峭，李金霞，陈建国，等，2016. 黑青稞营养成分的检测与分析［J］. 食品与发酵工业，42（1）：180-183.
刘露，2023. 超微粉碎对青稞粉营养、理化特性的影响及其应用研究［D］. 郑州：河南工业大学.
王彪，2019. 青稞膳食纤维的改性及其应用研究［D］. 芜湖：安徽工程大学.
王宏亮，2022. 维生素的概述及研究进展［J］. 临床药物治疗杂志，20（12）：40-45.
谢容，李俏，张云书，等. 不同剥皮次数对青稞米品质的影响［J］. 应用与环境生物学报，2022，28（4）：971-981.
邢玉晓，2018. 不同品种青稞的抗氧化活性及抗氧化作用的研究［D］. 重庆：西南大学.
徐雅馨，王锋，蒋与刚，2024. 维生素 B_1 与慢性病关系的研究进展［J/OL］. 中国食物与营养，30（7）：78-81. https：//doi. org/10. 19870/j. cnki. 11-3716/ts. 20231019. 005.
张春红，许传梅，董琦，等，2008. HPLC 测定青稞中的维生素 E［J］. 分析试验室，27（增刊）：89-91.
张倩倩，2016. 青稞慢性消化淀粉制备条件的优化及应用［D］. 上海：上海海洋大学.
张帅，吴昆仑，姚晓华，等，2017. 不同粒色青稞营养品质与抗氧化活性物质差异性分析［J］. 青海大学学报，35（2）：19-27.
张延杰，2021. 青稞特异性营养功能和特色系列产品研发及产业化. 咀香园健康食品（中山）有限公司，2021-07-23.
张永柱，2023. 紫青稞麸皮花青素的提取纯化、鉴定及生物活性研究［D］. 南京：南京农业大学.
赵素琴，孟娇龙，王明，等，2023. 维生素的家谱［J］. 化学教育（中英文），44（16）：1-12.

朱雪洋 . 沙棘青稞复合酵素制备及其功能活性研究［D］. 安徽工程大学，2023.

GUO T，HORVATH C，CHEN L，et al.，2020. Understanding the nutrient composition and nutritional functions of highland barley (Qingke)：a review［J］. Trends in food science and technology，103 (3)：109-117.

YANG L，YU P，2017. Synchrotron-based and globar-sourced molecular (micro) spectroscopy contributions to advances in new hulless barley (with structure alteration) research on molecular structure，molecular nutrition，and nutrient delivery［J］. Critical reviews in food science and nutrition，57 (1)：224-236.

9 青稞纤维

9.1 粗纤维和膳食纤维

粗纤维是用来描述纤维性食物残渣的术语，从化学成分来讲，粗纤维是植物细胞壁的主要组成成分，包括纤维素、半纤维素、木质素及角质等成分。粗纤维指的是植物组织经过一定浓度的酸、碱、醇等试剂在一定的温度条件下，处理后留下的残留物，主要成分为纤维素与木质素。粗纤维是膳食纤维（diet fiber，DF）的一部分，是谷物类相关标准中用来衡量不溶性纤维的指标。

膳食纤维是指食物中不被人体消化吸收的多糖类碳水化合物和木质素。按照溶解性的不同可以分为可溶性膳食纤维（SDF）和不可溶性膳食纤维（IDF）。SDF 主要为低聚糖和部分不能消化的多聚糖，IDF 主要为木质素、纤维素和半纤维素。

膳食纤维是一种几乎不产生热量的碳水化合物，除此之外还具有某些生理功能，如降血脂、调节血糖、预防结肠癌、调节机体免疫等。膳食纤维在小肠中难以消化和吸收，可以到达结肠，能改变肠道微生物群的组成和结构，保持肠道微生物菌群的动态平衡，具有预防结肠癌、降低代谢综合征风险等作用。

9.2 膳食纤维的营养作用

现代营养学的研究表明，膳食纤维具有多种生理功能，可以维持正常的血糖、血脂和纤维质水平，并可以控制体重，预防结肠癌、糖尿病、高血压等疾病，被称为继淀粉、蛋白质、脂肪、维生素、矿物质和水之后的第七营养素。膳食纤维作为功能食品引起了广泛关注且越来越受到人们的欢迎。

膳食纤维的主要营养功能有 4 个方面。一是维护胃肠道健康。帮助肠胃蠕动，防治便秘、预防肠癌；促进益生菌生长，发展和维持肠道免疫功能。二是调节血糖水平。膳食纤维可以改善末梢组织对胰岛素的感受性，降低对胰岛素的需求，从而调节糖尿病患者的血糖水平。三是降低胆固醇的吸收，增加胆酸的合成，预防脂代谢紊乱，降低血浆中胆固醇含量，减少冠心病风险。四是控制体重，减少肥胖病的发生。膳食纤维摄入与体质指数、体脂百分比和体重成负相关。

9.3 西藏青稞粗纤维含量

9.3.1 粗纤维检测方法

粗纤维依据 GB/T5009. 10—2003《植物性食品中粗纤维的测定》进行测定。其原理为在硫酸作用下，将试样中的糖、淀粉、果胶质和半纤维素经水解除去后，再用碱处理，除去蛋白质及脂肪酸，剩余的残渣为粗纤维。

9.3.2 青稞品种、产地及来源

本研究经过 2014 年、2015 年，选取西藏自治区拉萨市、山南市、日喀则市、昌都市、林芝市、阿里地区 6 个地市青稞主产县（区）13 个青稞品种，共计 310 份样品进行青稞粗纤维含量分析。其中，拉萨市 83 份、日喀则市 39 份、山南市 42 份、林芝市 52 份、昌都市 55 份、阿里地区 39 份；品种包括藏青 2000、藏青 320、喜马拉 22、蓝青稞、紫青稞、当地品种、喜马拉 19、明玛、黑青稞、藏青 85、果洛、品比 13、藏青 13。

本研究采用 GB/T 5009. 10—2003《植物性食品中粗纤维的测定》的方法测定青稞粗纤维含量。

9.3.3 各地市青稞粗纤维含量

西藏自治区拉萨市、山南市、日喀则市、昌都市、林芝市、阿里地区6个地市310份青稞粗纤维含量范围为1.80~6.99 g/100 g，平均含量为2.76 g/100 g。详见表9-1。

表9-1 各地市青稞粗纤维含量 单位：g/100 g

地市	样品数量	均值	极小值	极大值
拉萨市	83份	2.53±0.52	1.62	4.05
日喀则市	39份	2.71±0.46	2.06	4.06
山南市	42份	2.77±0.51	1.85	4.02
林芝市	52份	3.04±0.60	1.80	4.00
昌都市	55份	2.52±0.61	1.81	5.46
阿里地区	39份	2.72±0.84	1.81	6.99
合计	310份	2.76±0.59	1.80	6.99

如表9-1所示，比较西藏不同产区青稞粗纤维含量，产自拉萨市的青稞粗纤维含量范围为1.62~4.05 g/100 g，平均含量为2.53 g/100 g；产自日喀则市的青稞粗纤维含量范围为2.06~4.06 g/100 g，平均含量为2.71 g/100 g；产自山南市的青稞粗纤维含量范围为1.85~4.02 g/100 g，平均含量为2.77 g/100 g；产自林芝市的青稞粗纤维含量范围为1.80~4.00 g/100 g，平均含量为3.04 g/100 g；产自昌都市的青稞粗纤维含量范围为1.81~5.46 g/100 g，平均含量为2.52 g/100 g；产自阿里地区的青稞粗纤维含量范围为1.81~6.99 g/100 g，平均含量为2.72 g/100 g。各地市青稞粗纤维平均含量由高到低顺序为：林芝市（3.04 g/100 g）>山南市（2.77 g/100 g）>阿里地区（2.72 g/100 g）>日喀则市（2.71 g/100 g）>拉萨市（2.53 g/100 g）>昌都市（2.52 g/100 g）。

9.3.4 各地市所辖县（区）青稞粗纤维含量

拉萨市达孜区、堆龙德庆区、林周县、尼木县、曲水县、墨竹工卡县6个县（区）83份青稞粗纤维含量情况，见表9-2。

表 9-2 拉萨市各县（区）青稞粗纤维含量 单位：g/100 g

县（区）	样品数量	均值	极小值	极大值
达孜区	3 份	2.53±0.38	2.10	2.85
堆龙德庆区	5 份	2.38±0.48	1.92	2.91
林周县	15 份	2.50±0.63	1.66	4.05
尼木县	28 份	2.69±0.39	1.62	3.82
曲水县	28 份	2.75±0.50	1.73	3.76
墨竹工卡县	4 份	2.32±0.20	2.02	2.48
合计	83 份	2.53±0.52	1.62	4.05

如表 9-2 所示，拉萨市各县（区）青稞粗纤维含量由高到低顺序为：曲水县（2.75 g/100 g）>尼木县（2.69 g/100 g）>达孜区（2.53 g/100 g）>林周县（2.50 g/100 g）>堆龙德庆区（2.38 g/100 g）>墨竹工卡县（2.32 g/100 g）。

日喀则市桑珠孜区、江孜县、白朗县、吉隆县、拉孜县 5 个县（区）39 份青稞粗纤维含量情况，见表 9-3。

表 9-3 日喀则市各县（区）青稞粗纤维含量 单位：g/100 g

县（区）	样品数量	均值	极小值	极大值
桑珠孜区	13 份	2.85±0.44	2.36	3.58
江孜县	13 份	2.71±0.44	2.06	3.46
白朗县	9 份	3.40±0.40	2.71	4.06
吉隆县	3 份	2.26±0.03	2.23	2.29
拉孜县	1 份	2.33		
合计	39 份	2.71±0.46	2.06	4.06

如表 9-3 所示，日喀则市各县（区）青稞粗纤维含量由高到低顺序为：白朗县（3.40 g/100 g）>桑珠孜区（2.85 g/100 g）>江孜县（2.71 g/100 g）>拉孜县（2.33 g/100 g）>吉隆县（2.26 g/100 g）。

山南市乃东区、扎囊县、贡嘎县、隆子县、加查县、琼结县 6 个县（区）42 份青稞粗纤维含量情况，见表 9-4。

表 9-4　山南市各县（区）青稞粗纤维含量　　单位：g/100 g

县（区）	样品数量	均值	极小值	极大值
乃东区	13 份	2.85±0.43	2.22	3.75
扎囊县	12 份	2.70±0.50	2.25	3.85
贡嘎县	11 份	2.92±0.54	2.30	4.02
隆子县	3 份	2.22±0.27	2.00	2.52
加查县	1 份	3.15		
琼结县	2 份	2.01±0.23	1.85	2.17
合计	42 份	2.77±0.51	1.85	4.02

如表 9-4 所示，山南各县（区）青稞粗纤维含量由高到低顺序为：加查县（3.15 g/100 g）>贡嘎县（2.92 g/100 g）>乃东区（2.85 g/100 g）>扎囊县（2.70 g/100 g）>隆子县（2.22 g/100 g）>琼结县（2.01 g/100 g）。

林芝市巴宜区、工布江达县、米林县、波密县、察隅县 5 个县（区）52 份青稞粗纤维含量情况，见表 9-5。

表 9-5　林芝市各县（区）青稞粗纤维含量　　单位：g/100 g

县（区）	样品数量（份）	均值	极小值	极大值
巴宜区	16 份	2.65±0.54	1.80	3.73
工布江达县	23 份	3.01±0.56	2.20	4.00
米林县	9 份	2.30±0.53	1.82	3.48
波密县	1 份	2.16		
察隅县	3 份	2.24±0.33	1.96	2.61
合计	52 份	3.04±0.60	1.80	4.00

如表 9-5 所示，林芝市各县（区）青稞粗纤维含量由高到低顺序为：工布江达县（3.01 g/100 g）>巴宜区（2.65 g/100 g）>米林县（2.30 g/100 g）>察隅县（2.24 g/100 g）>波密县（2.16 g/100 g）。

昌都市卡若区、左贡县、察雅县、芒康县、洛隆县、边坝县、八宿县、类乌齐县、丁青县 9 个县（区）55 份青稞粗纤维含量情况，见表 9-6。

表 9-6 昌都市各县（区）青稞粗纤维含量 单位：g/100 g

县（区）	样品数量	均值	极小值	极大值
卡若区	9 份	2.62±0.48	1.96	3.42
左贡县	9 份	2.18±0.30	1.81	2.63
察雅县	1 份	2.16		
芒康县	12 份	2.71±0.92	1.99	5.46
洛隆县	9 份	2.36±0.41	1.88	3.25
边坝县	9 份	2.88±0.62	2.31	4.19
八宿县	3 份	2.25±0.06	2.18	2.31
类乌齐县	1 份	2.07		
丁青县	2 份	2.39±0.61	1.96	2.82
合计	55 份	2.52±0.61	1.81	5.46

如表 9-6 所示，昌都市各县（区）青稞粗纤维含量由高到低顺序为：边坝县（2.88 g/100 g）>芒康县（2.71 g/100 g）>卡若区（2.62 g/100 g）>丁青县（2.39 g/100 g）>洛隆县（2.36 g/100 g）>八宿县（2.25 g/100 g）>左贡县（2.18 g/100 g）>查雅县（2.16 g/100 g）>类乌齐县（2.07 g/100 g）。

阿里地区普兰县、札达县 2 个县 39 份青稞粗纤维含量情况，见表 9-7。

表 9-7 阿里地区各县青稞粗纤维含量 单位：g/100 g

县（区）	样品数量（份）	均值	极小值	极大值
普兰县	19 份	2.38±0.44	1.81	3.38
札达县	20 份	3.04±1.00	2.21	6.99
合计	39 份	2.72±0.84	1.81	6.99

如表 9-7 所示，阿里地区各县青稞粗纤维含量由高到低顺序为：札达县（3.04 g/100 g）>普兰县（2.38 g/100 g）。

9.3.5 不同品种青稞粗纤维含量

西藏不同品种 303 份青稞粗纤维含量情况，见表 9-8。

表 9-8　不同品种青稞粗纤维含量　单位：g/100 g

品种	样品数量	均值	极小值	极大值
藏青 2000	169 份	2.86±0.62	1.73	4.06
藏青 320	27 份	2.33±0.55	1.62	3.83
喜马拉 22	21 份	2.76±0.60	1.96	4.19
蓝青稞	21 份	2.52±0.44	1.94	3.52
紫青稞	16 份	2.29±0.47	1.90	3.30
当地品种	14 份	2.49±0.46	1.81	3.42
喜马拉 19	8 份	2.31±0.26	1.88	2.61
明玛	8 份	2.52±0.78	1.90	4.00
黑青稞	7 份	2.57±0.46	2.00	3.25
果洛	5 份	2.35±0.70	1.80	3.48
藏青 13	4 份	2.69±0.43	2.27	3.23
藏青 85	3 份	2.85±0.72	2.28	3.66
合计	303 份	2.69±0.61	1.62	4.19

如表 9-8 所示，分析不同品种青稞粗纤维含量得出，藏青 2000（2.86 g/100 g）>藏青 85（2.85 g/100 g）>喜马拉 22（2.76 g/100 g）>藏青 13（2.69 g/100 g）>黑青稞（2.57 g/100 g）>蓝青稞和明玛（2.52 g/100 g）>当地品种（2.49 g/100 g）>果洛（2.35 g/100 g）>藏青 320（2.33 g/100 g）>喜马拉 19（2.31 g/100 g）>紫青稞（2.29 g/100 g）。

藏青 2000 在拉萨市、日喀则市、山南市、林芝市、昌都市、阿里地区 169 份青稞中粗纤维含量情况，见表 9-9。

表 9-9　不同地市藏青 2000 粗纤维含量　单位：g/100 g

地市	样品数量	均值	极小值	极大值
拉萨市	53 份	2.91±0.43	1.73	4.00
日喀则市	24 份	3.02±0.42	2.42	4.06
山南市	24 份	2.81±0.49	2.12	4.02
林芝市	25 份	2.65±0.48	2.15	3.56
昌都市	27 份	2.74±0.77	1.96	3.66

（续表）

地市	样品数量	均值	极小值	极大值
阿里地区	16 份	3.03±1.10	2.09	3.69
合计	169 份	2.86±0.62	1.73	4.06

如表 9-9 所示，藏青 2000 在各地市粗纤维含量由高到低顺序为：阿里地区（3.03 g/100 g）>日喀则市（3.02 g/100 g）>拉萨市（2.91 g/100 g）>山南市（2.81 g/100 g）>昌都市（2.74 g/100 g）>林芝市（2.65 g/100 g）。

藏青 320 在拉萨市、日喀则市、山南市、林芝市、昌都市、阿里地区 27 份青稞粗纤维含量情况，见表 9-10。

表 9-10　不同地市藏青 320 粗纤维含量　　单位：g/100 g

地市	样品数量	均值	极小值	极大值
拉萨市	10 份	2.31±0.76	1.62	3.63
日喀则市	1 份	3.19		
山南市	5 份	1.91±0.34	1.85	2.52
林芝市	4 份	2.54±0.50	2.49	3.83
昌都市	4 份	2.02±0.16	1.86	2.19
阿里地区	3 份	2.03±0.32	1.88	2.33
合计	27 份	2.33±0.55	1.62	3.83

如表 9-10 所示，藏青 320 在各地市粗纤维含量由高到低顺序为：日喀则市（3.19 g/100 g）>林芝市（2.54 g/100 g）>拉萨市（2.31 g/100 g）>阿里地区（2.03 g/100 g）>昌都市（2.02 g/100 g）>山南市（1.91 g/100 g）。

喜马拉 22 在拉萨市、日喀则市、山南市、林芝市、昌都市 21 份青稞粗纤维含量情况，见表 9-11。

表 9-11　不同地市喜马拉 22 粗纤维含量　　单位：g/100 g

地市	样品数量	均值	极小值	极大值
拉萨市	4 份	2.54±0.18	1.96	2.88

（续表）

地市	样品数量	均值	极小值	极大值
日喀则市	4 份	2.67±0.87	2.06	3.28
山南市	5 份	2.42±0.42	2.54	3.03
林芝市	5 份	3.06±0.40	2.53	3.73
昌都市	3 份	3.10±1.29	2.36	4.19
合计	21 份	2.76±0.60	1.96	4.19

如表 9-11 所示，喜马拉 22 在各地市粗纤维含量由高到低顺序为：昌都市（3.10 g/100 g）>林芝市（3.06 g/100 g）>日喀则市（2.67 g/100 g）>拉萨市（2.54 g/100 g）>山南市（2.42 g/100 g）。

蓝青稞在拉萨市、日喀则市、林芝市、昌都市、阿里地区 21 份青稞粗纤维含量情况，见表 9-12。

表 9-12　不同地市蓝青稞粗纤维含量　　单位：g/100 g

地市	样品数量	均值	极小值	极大值
拉萨市	4 份	2.53±0.20	2.30	3.52
日喀则市	1 份	2.29		
林芝市	1 份	2.72		
昌都市	3 份	2.32±0.16	2.03	2.31
阿里地区	12 份	2.76±0.43	1.94	3.38
合计	21 份	2.52±0.44	1.94	3.52

如表 9-12 所示，蓝青稞在各地市粗纤维含量由高到低顺序为：阿里地区（2.76 g/100 g）>林芝市（2.72 g/100 g）>拉萨市（2.53 g/100 g）>昌都市（2.32 g/100 g）>日喀则市（2.29 g/100 g）。

紫青稞在拉萨市、山南市、昌都市、阿里地区 16 份青稞粗纤维含量情况，见表 9-13。

表 9-13　不同地市紫青稞粗纤维含量　　单位：g/100 g

地市	样品数量	均值	极小值	极大值
拉萨市	5 份	1.94±0.68	1.90	3.30

（续表）

地市	样品数量	均值	极小值	极大值
山南市	1份	3.15		
昌都市	4份	2.12±0.69	1.92	2.89
阿里地区	6份	1.96±0.26	1.81	2.41
合计	16份	2.29±0.47	1.90	3.30

如表9-13所示，紫青稞在各地市粗纤维含量由高到低顺序为：山南市（3.15 g/100 g）>昌都市（2.12 g/100 g）>阿里地区（1.96 g/100 g）>拉萨市（1.94 g/100 g）。

当地品种在拉萨市、山南市、昌都市、阿里地区14份青稞粗纤维含量情况，见表9-14。

表9-14 不同地市当地品种粗纤维含量 单位：g/100 g

地市	样品数量（份）	均值	极小值	极大值
拉萨市	2份	2.76±0.61	2.33	3.19
日喀则市	3份	2.24±0.09	2.16	2.33
林芝市	1份	2.61		
昌都市	5份	2.55±0.67	1.81	3.42
阿里地区	3份	2.42±0.36	2.18	2.83
合计	14份	2.49±0.46	1.81	3.42

如表9-14所示，当地品种在各地市粗纤维含量由高到低顺序为：拉萨市（2.76 g/100 g）>林芝市（2.61 g/100 g）>昌都市（2.55 g/100 g）>阿里地区（2.42 g/100 g）>日喀则市（2.24 g/100 g）。

喜马拉19在日喀则市、林芝市、昌都市8份青稞粗纤维含量情况，见表9-15。

表9-15 不同地市喜马拉19粗纤维含量 单位：g/100 g

地市	样品数量	均值	极小值	极大值
日喀则市	1份	2.25		
林芝市	1份	2.61		

（续表）

地市	样品数量	均值	极小值	极大值
昌都市	6 份	2. 08±0. 31	1. 88	2. 49
合计	8 份	2. 31±0. 26	1. 88	2. 61

如表 9-15 所示，喜马拉 19 在各地市粗纤维含量由高到低顺序为：林芝市（2. 61 g/100 g）>日喀则市（2. 25 g/100 g）>昌都市（2. 08 g/100 g）。

黑青稞在拉萨市、山南市、昌都市 7 份青稞粗纤维含量情况，见表 9-16。

表 9-16　不同地市黑青稞粗纤维含量　　单位：g/100 g

地市	样品数量	均值	极小值	极大值
拉萨市	3 份	2. 53±0. 39	2. 26	2. 98
山南市	2 份	2. 44±0. 62	2. 00	2. 87
昌都市	2 份	2. 78±0. 67	2. 30	3. 25
合计	7 份	2. 57±0. 46	2. 00	3. 25

如表 9-16 所示，黑青稞在各地市粗纤维含量由高到低顺序为：昌都市（2. 78 g/100 g）>拉萨市（2. 53 g/100 g）>山南市（2. 44 g/100 g）。

明玛在林芝市 8 份青稞粗纤维含量情况，见表 9-17。

表 9-17　林芝市明玛粗纤维含量　　单位：g/100 g

地市	样品数量	均值	极小值	极大值
林芝市	8 份	2. 52±0. 78	1. 90	4. 00

如表 9-17 所示，明玛在林芝市粗纤维含量范围为 1. 90～4. 00 g/100 g，平均含量为 2. 52 g/100 g。

果洛在林芝市 5 份青稞粗纤维含量情况，见表 9-18。

表 9-18 林芝市果洛粗纤维含量 单位：g/100 g

地市	样品数量	均值	极小值	极大值
林芝市	5 份	2. 35±0. 70	1. 80	3. 48

如表 9－18 所示，果洛在林芝市粗纤维含量范围为 1. 80～3. 48 g/100 g，平均含量为 2. 35 g/100 g。

藏青 13 在昌都市 4 份青稞粗纤维含量情况，见表 9-19。

表 9-19 昌都市藏青 13 粗纤维含量 单位：g/100 g

地市	样品数量	均值	极小值	极大值
昌都市	4 份	2. 69±0. 43	2. 27	3. 23

如表 9－19 所示，昌都市藏青 13 粗纤维含量范围为 2. 27～3. 23 g/100 g，粗纤维平均含量 2. 69 g/100 g。

藏青 85 在拉萨市 3 份青稞粗纤维含量情况，见表 9-20。

表 9-20 拉萨市藏青 85 粗纤维含量 单位：g/100 g

地市	样品数量	均值	极小值	极大值
拉萨市	3 份	2. 85±0. 72	2. 28	3. 66

如表 9-20 所示，藏青 85 在拉萨市粗纤维含量范围为 2. 28～3. 66 g/100 g，平均含量为 2. 85 g/100 g。

9. 4 西藏青稞膳食纤维含量

9. 4. 1 膳食纤维检测方法

膳食纤维依据 GB/5009. 88—2014《食品安全国家标准 食品中膳食纤维的测定》进行测定。其原理为干燥试样经热稳定 α-淀粉酶、蛋白酶和葡萄糖苷酶酶解消化去除蛋白质和淀粉后，经乙醇沉淀、抽滤，残渣用乙醇和丙酮洗涤，干燥称量，即为总膳食纤维残渣。

9.4.2 青稞品种、产地及来源

本研究经过2021年、2023年，选取西藏自治区拉萨市、山南市、日喀则市、昌都市、林芝市5个市青稞主产县（市、区）13个青稞品种，共计348份样品进行膳食纤维含量分析。其中，拉萨市73份、日喀则市99份、山南市71份、林芝市42份、昌都市63份；品种包括藏青2000、喜马拉22、黑青稞、冬青18、藏青3000、当地品种、蓝青稞、藏青320、藏青17、喜马拉23、喜马拉19、山青9号、康青9号。

本研究采用GB 5009.88—2014《食品安全国家标准 食品中膳食纤维的测定》的方法测定青稞膳食纤维含量。

9.4.3 各地市青稞膳食纤维含量

西藏青稞主产区拉萨市、山南市、日喀则市、昌都市、林芝市5个市348份青稞膳食纤维含量范围为9.92~24.59 g/100 g，平均含量为16.51 g/100 g，详见表9-21。

表9-21 各市青稞膳食纤维含量 单位：g/100 g

地市	样品数量	均值	极小值	极大值
拉萨市	73份	15.78±2.35	9.92	22.80
日喀则市	99份	16.70±2.30	10.92	24.59
山南市	71份	16.89±2.27	13.10	21.08
林芝市	42份	16.55±2.38	13.00	22.47
昌都市	63份	16.59±2.71	10.26	23.83
合计	348份	16.51±2.41	9.92	24.59

如表9-21所示，比较西藏不同产区青稞膳食纤维含量，产自拉萨市的青稞膳食纤维含量范围为9.92~22.80 g/100 g，平均含量为15.78 g/100 g；产自日喀则市的青稞膳食纤维含量范围为10.92~24.59 g/100 g，平均含量为16.70 g/100 g；产自山南市的青稞膳食纤维含量范围为13.10~21.08 g/100 g，平均含量为16.89 g/100 g；产自林芝市的青稞膳食纤维含量范围为13.00~22.47 g/100 g，平均含量为16.55 g/100 g；产自昌都市的青稞膳食纤维含量范围为10.26~23.83 g/100 g，

平均含量为 16. 59 g/100 g。各地市青稞膳食纤维平均含量由高到低顺序为：山南市（16. 89 g/100 g）>日喀则市（16. 70 g/100 g）>昌都市（16. 59 g/100 g）>林芝市（16. 55 g/100 g）>拉萨市（15. 78 g/100 g）。

9. 4. 4 各地市所辖县（区）青稞膳食纤维含量

拉萨市达孜区、林周县、曲水县和墨竹工卡县 4 个县（区）73 份青稞膳食纤维含量情况，见表 9-22。

表 9-22 拉萨市各县（区）青稞膳食纤维含量　单位：g/100 g

县（区）	样品数量	均值	极小值	极大值
达孜区	16 份	16. 37±1. 44	13. 53	18. 40
林周县	22 份	15. 76±2. 14	11. 41	19. 80
曲水县	7 份	18. 90±3. 22	14. 57	22. 80
墨竹工卡县	28 份	14. 67±1. 92	9. 92	18. 08
合计	73 份	15. 78±2. 35	9. 92	22. 80

如表 9-22 所示，拉萨市各县（区）青稞膳食纤维含量由高到低顺序为：曲水县（18. 90 g/100 g）>达孜区（16. 37 g/100 g）>林周县（15. 76 g/100 g）>墨竹工卡县（14. 67 g/100 g）。

日喀则市桑珠孜区、江孜县、白朗县、康马县 4 个县（区）99 份青稞膳食纤维含量情况，见表 9-23。

表 9-23 日喀则市各县（区）青稞膳食纤维含量　单位：g/100 g

县（区）	样品数量	均值	极小值	极大值
桑珠孜区	12 份	16. 47±3. 35	10. 92	21. 64
江孜县	38 份	15. 95±1. 74	12. 61	21. 80
白朗县	30 份	17. 75±2. 22	14. 30	24. 59
康马县	19 份	16. 69±2. 14	11. 86	20. 09
合计	99 份	16. 70±2. 30	10. 92	24. 59

如表 9-23 所示，日喀则市各县（区）青稞膳食纤维含量由高到低顺序为：白朗县（17. 75 g/100 g）>康马县（16. 69 g/100 g）>桑珠孜区

(16.47 g/100 g) >江孜县 (15.95 g/100 g)。

山南市乃东区、扎囊县、贡嘎县、桑日县、隆子县 5 个县（区）71 份青稞膳食纤维含量情况，见表 9-24。

表 9-24 山南市各县（区）青稞膳食纤维含量 单位：g/100 g

县（区）	样品数量	均值	极小值	极大值
乃东区	6 份	18.08±1.34	15.79	19.53
扎囊县	14 份	18.06±2.09	15.50	21.02
贡嘎县	34 份	16.39±2.23	13.10	21.08
桑日县	11 份	17.35±2.05	14.78	20.34
隆子县	6 份	14.93±2.37	13.34	19.51
合计	71 份	16.89±2.27	13.10	21.08

如表 9-24 所示，山南市各县（区）青稞膳食纤维含量由高到低顺序为：乃东区 (18.08 g/100 g) >扎囊县 (18.06 g/100 g) >桑日县 (17.35 g/100 g) >贡嘎县 (16.39 g/100 g) >隆子县 (14.93 g/100 g)。

林芝市巴宜区、工布江达县、米林县（米林市）、朗县 4 个县（区）42 份青稞膳食纤维含量情况，见表 9-25。

表 9-25 林芝市各县（市、区）青稞膳食纤维含量 单位：g/100 g

县（市、区）	样品数量	均值	极小值	极大值
巴宜区	12 份	15.85±1.76	13.20	18.90
工布江达县	4 份	13.90±0.68	13.00	14.60
米林县（米林市）	11 份	17.36±1.83	14.50	19.63
朗县	15 份	17.23±2.88	13.67	22.47
合计	42 份	16.55±2.38	13.00	22.47

如表 9-25 所示，林芝市各县（市、区）青稞膳食纤维含量由高到低顺序为：米林县（米林市）(17.36 g/100 g) >朗县 (17.23 g/100 g) >巴宜区 (15.85 g/100 g) >工布江达县 (13.90 g/100 g)。

昌都市卡若区、左贡县、察雅县、芒康县、洛隆县、边坝县 6 个县（区）63 份青稞膳食纤维含量情况，见表 9-26。

表 9-26 昌都市各县（区）青稞膳食纤维含量 单位：g/100 g

县（区）	样品数量	均值	极小值	极大值
卡若区	6 份	19.02±1.84	16.53	21.38
左贡县	23 份	16.64±1.99	14.30	21.50
察雅县	12 份	15.20±2.25	10.26	17.06
芒康县	6 份	13.38±0.26	12.93	13.62
洛隆县	13 份	17.22±2.96	13.77	23.83
边坝县	3 份	20.68±2.41	17.90	22.12
合计	63 份	16.59±2.71	10.26	23.83

如表 9-26 所示，昌都市各县（区）青稞膳食纤维含量由高到低顺序为：边坝县（20.68 g/100 g）>卡若区（19.02 g/100 g）>洛隆县（17.22 g/100 g）>左贡县（16.64 g/100 g）>察雅县（15.20 g/100 g）>芒康县（13.38 g/100 g）。

9.4.5 不同品种青稞膳食纤维含量

西藏不同品种 340 份青稞膳食纤维含量情况，见表 9-27。

表 9-27 不同品种青稞膳食纤维含量 单位：g/100 g

品种	样品数量	均值	极小值	极大值
藏青 2000	89 份	16.26±2.27	9.92	24.59
喜马拉 22	66 份	15.87±1.88	11.09	22.80
黑青稞	39 份	16.21±2.12	10.26	19.80
冬青 18	34 份	16.96±2.41	13.20	22.47
藏青 3000	23 份	16.55±1.89	10.92	21.80
当地品种	23 份	16.88±2.00	12.42	23.83
蓝青稞	20 份	17.77±1.80	13.22	22.02
藏青 320	12 份	16.92±1.83	14.00	19.29
藏青 17	12 份	17.23±1.49	15.44	19.83
喜马拉 23	10 份	16.81±3.11	13.70	21.64
喜马拉 19	5 份	16.17±2.82	14.10	20.94
山青 9 号	4 份	20.33±0.68	19.41	21.02
康青 9 号	3 份	15.30±1.18	14.30	16.60
合计	340 份	16.61±1.48	9.92	24.59

如表9-27所示，分析不同品种青稞膳食纤维含量得出，山青9号（20.33 g/100 g）>蓝青稞（17.77 g/100 g）>藏青17（17.23 g/100 g）>冬青18（16.96 g/100 g）>藏青320（16.92 g/100 g）>当地品种（16.88 g/100 g）>喜马拉23（16.81 g/100 g）>藏青3000（16.55 g/100 g）>藏青2000（16.26 g/100 g）>黑青稞（16.21 g/100 g）>喜马拉19（16.17 g/100 g）>喜马拉22（15.87 g/100 g）>康青9号（15.30 g/100 g）。

藏青2000在拉萨市、日喀则市、山南市、林芝市、昌都市89份青稞膳食纤维含量情况，见表9-28。

表9-28 不同地市藏青2000膳食纤维含量 单位：g/100 g

地市	样品数量	均值	极小值	极大值
拉萨市	39份	16.05±2.36	9.92	22.72
日喀则市	19份	17.38±2.61	13.31	24.59
山南市	19份	17.14±2.18	13.70	21.08
林芝市	5份	14.34±1.15	13.00	16.10
昌都市	7份	16.37±3.09	12.93	22.12
合计	89份	16.26±2.27	9.92	24.59

如表9-28所示，藏青2000在各地市膳食纤维含量由高到低顺序为：日喀则市（17.38 g/100 g）>山南市（17.14 g/100 g）>昌都市（16.37 g/100 g）>拉萨市（16.05 g/100 g）>林芝市（14.34 g/100 g）。

喜马拉22在拉萨市、日喀则市、山南市、林芝市、昌都市66份青稞膳食纤维含量情况，见表9-29。

表9-29 不同地市喜马拉22膳食纤维含量 单位：g/100 g

地市	样品数量	均值	极小值	极大值
拉萨市	29份	15.27±2.26	11.09	22.80
日喀则市	12份	16.95±2.23	12.61	20.09
山南市	8份	16.29±1.96	13.30	19.53
林芝市	3份	15.23±1.01	14.60	16.40
昌都市	14份	15.60±1.96	13.25	21.50
合计	66份	15.87±1.88	11.09	22.80

如表 9-29 所示，喜马拉 22 在各地市膳食纤维含量由高到低顺序为：日喀则市（16.95 g/100 g）>山南市（16.29 g/100 g）>昌都市（15.60 g/100 g）>拉萨市（15.27 g/100 g）>林芝市（15.23 g/100 g）。

黑青稞在拉萨市、日喀则市、山南市、昌都市 39 份青稞膳食纤维含量情况，见表 9-30。

表 9-30　不同地市黑青稞膳食纤维含量　单位：g/100 g

地市	样品数量	均值	极小值	极大值
拉萨市	3 份	17.47±2.02	16.26	19.80
日喀则市	8 份	15.28±1.49	11.86	16.50
山南市	12 份	16.03±2.47	13.34	19.51
昌都市	16 份	16.04±2.48	10.26	19.30
合计	39 份	16.21±2.12	10.26	19.80

如表 9-30 所示，黑青稞在各地市膳食纤维含量由高到低顺序为：拉萨市（17.47 g/100 g）>昌都市（16.04 g/100 g）>山南市（16.03 g/100 g）>日喀则市（15.28 g/100 g）。

冬青 18 在山南市、林芝市 34 份青稞膳食纤维含量情况，见表 9-31。

表 9-31　不同地市冬青 18 粗纤维含量　单位：g/100 g

地市	样品数量	均值	极小值	极大值
山南市	6 份	15.32±1.60	13.70	17.98
林芝市	28 份	17.32±2.43	13.20	22.47
合计	34 份	16.96±2.41	13.20	22.47

如表 9-31 所示，冬青 18 在各地市膳食纤维含量由高到低顺序为：林芝市（17.32 g/100 g）>山南市（15.32 g/100 g）。

藏青 3000 在拉萨市、日喀则市、山南市、昌都市 23 份青稞膳食纤维含量情况，见表 9-32。

表 9-32　不同地市藏青 3000 膳食纤维含量　　单位：g/100 g

地市	样品数量	均值	极小值	极大值
拉萨市	1 份	18.16		
日喀则市	11 份	17.04±2.68	10.92	21.80
山南市	10 份	15.90±1.10	14.20	18.46
昌都市	1 份	15.10		
合计	23 份	16.55±1.89	10.92	21.80

如表 9-32 所示，藏青 3000 在各地市膳食纤维含量由高到低顺序为：拉萨市（18.16 g/100 g）>日喀则市（17.04 g/100 g）>山南市（15.90 g/100 g）>昌都市（15.10 g/100 g）。

当地品种在拉萨市、山南市、昌都市 23 份青稞膳食纤维含量情况，见表 9-33。

表 9-33　不同地市当地品种膳食纤维含量　　单位：g/100 g

地市	样品数量	均值	极小值	极大值
拉萨市	4 份	14.51±1.52	12.42	16.00
山南市	4 份	18.79±1.35	16.78	19.66
昌都市	15 份	17.34±3.12	13.35	23.83
合计	23 份	16.88±2.00	12.42	23.83

如表 9-33 所示，当地品种在各地市膳食纤维含量由高到低顺序为：山南市（18.79 g/100 g）>昌都市（17.34 g/100 g）>拉萨市（14.51/100 g）。

蓝青稞在日喀则市、山南市、昌都市 20 份青稞膳食纤维含量情况，见表 9-34。

表 9-34　不同地市蓝青稞膳食纤维含量　　单位：g/100 g

地市	样品数量	均值	极小值	极大值
日喀则市	10 份	15.10±1.26	13.22	16.85
山南市	6 份	18.78±1.74	16.60	21.00
昌都市	4 份	19.43±2.38	16.53	22.02
合计	20 份	17.77±1.80	13.22	22.02

如表 9-34 所示，蓝青稞在各地市膳食纤维含量由高到低顺序为：昌都市（19.43 g/100 g）>山南市（18.78 g/100 g）>日喀则市（15.10 g/100 g）。

藏青 320 在日喀则市 12 份青稞纤膳食维含量情况，见表 9-35。

表 9-35 日喀则市藏青 320 膳食纤维含量 单位：g/100 g

地市	样品数量	均值	极小值	极大值
日喀则市	12 份	16.92±1.83	14.00	19.29

如表 9-35 所示，藏青 320 在日喀则市膳食纤维含量范围为 14.00~19.29 g/100 g，平均含量为 16.92 g/100 g。

藏青 17 在日喀则市 12 份青稞纤膳食维含量情况，见表 9-36。

表 9-36 日喀则市藏青 17 膳食纤维含量 单位：g/100 g

地市	样品数量	均值	极小值	极大值
日喀则市	12 份	17.23±1.49	15.44	19.83

如表 9-36 所示，藏青 17 在日喀则市膳食纤维含量范围为 15.44~19.83 g/100 g，平均含量为 17.23 g/100 g。

喜马拉 23 在日喀则市 10 份青稞纤膳食维含量情况，见表 9-37。

表 9-37 日喀则市喜马拉 23 膳食纤维含量 单位：g/100 g

地市	样品数量	均值	极小值	极大值
日喀则市	10 份	16.81±3.11	13.70	21.64

如表 9-37 所示，喜马拉 23 在日喀则市膳食纤维含量范围为 13.70~21.64 g/100 g，平均含量为 16.81 g/100 g。

喜马拉 19 在日喀则市 5 份青稞纤膳食维含量情况，见表 9-38。

表 9-38 日喀则市喜马拉 19 膳食纤维含量 单位：g/100 g

地市	样品数量	均值	极小值	极大值
日喀则市	5 份	16.17±2.82	14.10	20.94

如表 9-38 所示，喜玛拉 19 在日喀则市膳食纤维含量范围为 14.10~20.94 g/100 g，平均含量为 16.17 g/100 g。

山青 9 号在山南市 4 份青稞纤膳食维含量情况，见表 9-39。

表 9-39 山南市山青 9 号膳食纤维含量 单位：g/100 g

地市	样品数量	均值	极小值	极大值
日喀则市	4 份	20.33±0.68	19.41	21.02

如表 9-39 所示，山青 9 号在山南市膳食纤维含量范围为 19.41~21.02 g/100 g，平均含量为 20.33 g/100 g。

康青 9 号在昌都市 3 份青稞纤膳纤维含量情况，见表 9-40。

表 9-40 昌都市康青 9 号膳食纤维含量 单位：g/100 g

地市	样品数量	均值	极小值	极大值
昌都市	3 份	15.30±1.18	14.30	16.60

如表 9-40 所示，康青 9 号在昌都市膳食纤维含量范围为 14.30~16.60 g/100 g，平均含量为 15.30 g/100 g。

参考文献

冯格格，佘永新，洪思慧，等，2020. 青稞中主要功效成分最新研究进展［J］. 农产 品质量与安全（2）：82-89.

何伟，2020. 青稞全粉营养成分分析及青稞脆片制备工艺优化［J］. 食品与机 械，36（7）：201-205.

贾慧萍，胡樱，王慧春，2020. 青藏高原青稞营养功能成分与开发利用现状分 析［J］. 青海草业，29（1）：43-47.

鲁朝凤，黄佳琦，黄勇桦，等，2021. 青稞膳食纤维和多酚对肠道微生物的协同调节作用［J］. 食品与发酵工业，47（8）：6-13.

麦紫欣，关东华，等，2011. 膳食纤维降血脂作用及其机制的研究进展［J］. 广东微量元素科学，18（1）：11-17.

申利红，王建森，李雅，等，2011. 植物多糖的研究及应用进展［J］. 中国农学通报，27（2）：349-352.

杨华，叶发银，赵国华，2015. 膳食多酚与肠道微生物相互作用研究进展［J］. 食品科学，36（3）：223-227.
杨杨，陶陶，姬诺，等，2010. 膳食纤维在结肠癌防治中的作用［J］. 医学综述，16（10）：1494-1497.
于翠翠，王波，张文会，2020. 西藏地市青稞加工前后品质及风味物质分析［J］. 食品工业，41（5）：163-166.
张文会，许娟妮，谭海运，2008. 青稞麸膳食纤维研究［J］. 西藏农业科技（2）：19-21.

第三部分 功效成分

10 青稞 β-葡聚糖

10.1 β-葡聚糖

β-葡聚糖属于可溶性膳食纤维（SDF）。β-葡聚糖属于非淀粉多糖类，是以 β-（1,3）和 β-（1,4）糖苷键混合连接的葡萄糖聚合物，是禾谷类植物籽粒胚乳和糊粉层细胞壁的主要成分，约占细胞壁干重的75%，在燕麦和大麦中含量较高。β-葡聚糖分子由 β-（1,4）键连接形成许多纤维三糖基和纤维四糖基，它们彼此之间通过 β-（1,3）键相互连接形成多聚体。

在大麦中，不同来源的 β-葡聚糖有着基本一致的类纤素结构，但其聚合度和分子质量是不同的。因此它们的物理性质（如流变学行为和胶凝特性）也不同，这些将会影响其生理功能的发挥以及在食品领域的应用。大麦的提取工艺、大麦的品种及其生长环境影响着 β-葡聚糖的分子结构、分子量大小，而能明显提高人类机体免疫功能的 β-葡聚糖，其分子量主要分布在 100~200 000 道尔顿。

10.2 β-葡聚糖的主要功效

目前，β-葡聚糖的主要功效研究报道主要集中在以下几个方面。

①润肠通便，预防结肠癌。β-葡聚糖是食用纤维的组成部分，食用纤维对人体的最主要的功能作用是预防结肠癌。

②减少脂肪酸吸收。由于 β-葡聚糖和水混合后具有黏性，食用后可以减少胃肠道吸收脂肪酸的速率，从而减少过多脂肪酸的吸收。

③提高免疫力、抗肿瘤。β-葡聚糖是一种具有极强免疫激活与抗肿

瘤活性的生物反应调节剂（BRM），表现出很强的刺激免疫和抗肿瘤活性。同时具有良好的免疫调节活性，可增强宿主对细菌、病毒、真菌及寄生虫的感染与肿瘤的抵抗能力。

④调节控制血糖。β-葡聚糖引起人们关注的功能之一是降血糖的功能。β-葡聚糖是燕麦、大麦、青稞等谷物特有的保健功能因子，具有显著调节血糖等生理活性的功能。

⑤降血脂、防治心脑血管类疾病。谷物 β-葡聚糖改善血脂的作用机制一方面与其在胃肠中形成的黏性微环境，可抑制膳食胆固醇的吸收、增加粪固醇的排出；另一方面谷物 β-葡聚糖可与肠道中的胆汁酸结合，促进胆汁酸的外排。

⑥减肥作用。目前有一部分学者认为 β-葡聚糖具有一定的减肥作用。裴素萍等用大鼠研究发现，与正常对照组相比，燕麦 β-葡聚糖高、中剂量组大鼠体质量下降（$P<0.05$）。

⑦影响或干扰机体对某些元素的吸收。有些研究认为 β-葡聚糖可能影响或干扰机体对 Zn、Fe、Ca 等元素吸收。β-葡聚糖对脂溶性维生素吸收的影响也是争论的焦点，如果 β-葡聚糖是因其高黏度而影响机体对脂类物质的吸收，那么其也可能影响机体对脂溶性维生素的吸收。

10.3 西藏青稞 β-葡聚糖含量

10.3.1 β-葡聚糖检测方法

β-葡聚糖的测定按照 NY/T 2006—2011《谷物及其制品中 β-葡聚糖含量的测定》进行测定，该法利用地衣聚糖酶（或称葡聚糖酶）和 β-葡萄糖苷酶对样品中（1，3）（1，4）-β-*D*-葡聚糖（混联 β-*D*-葡聚糖，或简称 β-葡聚糖）的酶解作用，由地衣聚糖酶专一性地水解 β-葡聚糖成寡糖，3-葡萄糖苷酶则将寡糖水解成葡萄糖；葡萄糖在葡萄糖氧化酶作用下生成葡萄糖酸和过氧化氢，过氧化氢在过氧化物酶作用下，与 4-氨基安替比林氧化缩合生成红色醌类化合物。此化合物在光波长 510 nm 处有吸收，吸光度值与葡萄糖含量成正比。在样品测定时，需同时进行葡萄糖标准工作液（3 个平行）的测定，分光光度计用试剂空白调零。必要时可添加一个已知β-葡聚糖含量的对照样品以检验结果的准确性。

10.3.2 青稞品种、产地及来源

本研究经过2014年、2015年、2021年、2023年，选取西藏自治区拉萨市、日喀则市、山南市、林芝市、昌都市、阿里地区6个地市青稞主产县（市、区）18个青稞品种，共计508份样品进行青稞β-葡聚糖含量分析。其中，拉萨市116份、日喀则市123份、山南市91份、林芝市67份、昌都市89份、阿里地区22份；品种包括藏青2000、喜马拉22、藏青320、冬青18、藏青3000、当地品种、藏青17、喜马拉19、喜马拉23、山青9号、果洛、蓝青稞、黑青稞、紫青稞、察雅黑青稞、丁青小蓝青稞、四棱黑青稞、六棱黑青稞。

本研究采用NY/T 2006—2011《谷物及其制品中β-葡聚糖含量的测定》的方法测定青稞β-葡聚糖含量。

10.3.3 各地市青稞β-葡聚糖含量

西藏自治区拉萨市、日喀则市、山南市、林芝市、昌都市、阿里地区6个地市508份青稞β-葡聚糖含量范围为3.77%~6.65%，平均含量为5.16%。详见表10-1。

表10-1 各地市青稞β-葡聚糖含量 单位:%

地市	样品数量	均值	极小值	极大值
拉萨市	116份	5.08±0.39	3.91	5.97
日喀则市	123份	5.14±0.23	4.47	5.59
山南市	91份	5.28±0.37	4.17	5.82
林芝市	67份	5.53±0.59	3.91	6.65
昌都市	89份	5.12±0.37	3.77	5.83
阿里地区	22份	4.79±0.51	4.22	5.61
合计	508份	5.16±0.41	3.77	6.65

如表10-1所示，比较西藏不同产区青稞β-葡聚糖含量，产自拉萨市的青稞β-葡聚糖含量范围为3.91 %~5.97 %，平均含量为5.08%；产自日喀则市的青稞β-葡聚糖含量范围为4.47%~5.59 %，平均含量为

5.14%；产自山南市的青稞β-葡聚糖含量范围为4.17%~5.82%，平均含量为5.28%；产自林芝市的青稞β-葡聚糖含量范围为3.91%~6.65%，平均含量为5.53%；产自昌都市的青稞β-葡聚糖含量范围为3.77%~5.83%，平均含量为5.12%；产自阿里地区的青稞β-葡聚糖含量范围为4.22%~5.61%，平均含量为4.79%。各地市青稞β-葡聚糖平均含量由高到低顺序为：林芝市（5.53%）>山南市（5.28%）>日喀则市（5.14%）>昌都市（5.12%）>拉萨市（5.08%）>阿里地区（4.79%）。

10.3.4 各地市所辖县（区）青稞β-葡聚糖含量

拉萨市达孜区、林周县、尼木县、曲水县、墨竹工卡县5个县（区）116份青稞β-葡聚糖含量情况，见表10-2。

表10-2 拉萨市各县（区）青稞β-葡聚糖含量 单位：%

县（区）	样品数量	均值	极小值	极大值
达孜区	17份	5.15±0.22	4.80	5.46
林周县	34份	5.17±0.19	4.75	5.48
尼木县	8份	4.93±0.59	4.22	5.97
曲水县	28份	5.09±0.39	4.42	5.83
墨竹工卡县	29份	5.05±0.42	3.91	5.97
合计	116份	5.08±0.39	3.91	5.97

如表10-2所示，拉萨市各县（区）青稞β-葡聚糖含量由高到低顺序为：林周县（5.17%）>达孜区（5.15%）>曲水县（5.09%）>墨竹工卡县（5.05%）>尼木县（4.93%）。

日喀则市桑珠孜区、江孜县、白朗县、康马县4个县（区）123份青稞β-葡聚糖含量情况，见表10-3。

表10-3 日喀则市各县（区）青稞β-葡聚糖含量 单位：%

县（区）	样品数量	均值	极小值	极大值
桑珠孜区	19份	5.35±0.14	5.20	5.59
江孜县	46份	5.07±0.28	4.47	5.45
白朗县	39份	5.21±0.15	5.00	5.52

（续表）

县（区）	样品数量	均值	极小值	极大值
康马县	19 份	5. 04±0. 21	4. 76	5. 51
合计	123 份	5. 14±0. 23	4. 47	5. 59

如表 10-3 所示，日喀则市各县（区）青稞 β-葡聚糖含量由高到低顺序为：桑珠孜区（5. 35%）>白朗县（5. 21%）>江孜县（5. 07%）>康马县（5. 04%）。

山南市乃东区、扎囊县、贡嘎县、桑日县、隆子县 5 个县（区）的 91 份青稞 β-葡聚糖含量情况，见表 10-4。

表 10-4　山南市各县（区）青稞 β-葡聚糖含量　　单位:%

县（区）	样品数量	均值	极小值	极大值
乃东区	15 份	5. 30±0. 49	4. 17	5. 73
扎囊县	19 份	5. 25±0. 32	4. 35	5. 62
贡嘎县	40 份	5. 35±0. 27	4. 65	5. 82
桑日县	11 份	5. 25±0. 17	4. 94	5. 48
隆子县	6 份	5. 49±0. 39	4. 53	5. 72
合计	91 份	5. 28±0. 37	4. 17	5. 82

如表 10-4 所示，山南市各县（区）青稞 β-葡聚糖含量由高到低顺序为：隆子县（5. 49%）>贡嘎县（5. 35%）>乃东区（5. 30%）>扎囊县、桑日县（5. 25%）。

林芝市巴宜区、工布江达县、米林县（米林市）、朗县 4 个县（市、区）67 份青稞 β-葡聚糖含量情况，见表 10-5。

表 10-5　林芝市各县（市、区）青稞 β-葡聚糖含量　　单位:%

县（市、区）	样品数量	均值	极小值	极大值
巴宜区	12 份	5. 52±0. 62	4. 36	6. 46
工布江达县	15 份	5. 04±1. 04	3. 91	5. 97
米林县（米林市）	11 份	5. 36±0. 47	4. 54	6. 25
朗县	29 份	5. 90±0. 34	5. 37	6. 65
合计	67 份	5. 53±0. 59	3. 91	6. 65

如表 10-5 所示，林芝市各县（市、区）青稞 β-葡聚糖含量由高到低顺序为：朗县（5.90%）>巴宜区（5.52%）>米林县（米林市）（5.36%）>工布江达县（5.04%）。

昌都市卡若区、左贡县、察雅县、芒康县、洛隆县、边坝县 6 个县（区）89 份青稞 β-葡聚糖含量情况，见表 10-6。

表 10-6　昌都市各县（区）青稞 β-葡聚糖含量　　单位：%

县（区）	样品数量	均值	极小值	极大值
卡若区	17 份	5.19±0.60	3.77	5.83
左贡县	15 份	4.99±0.35	4.24	5.36
察雅县	9 份	5.16±0.45	4.23	5.48
芒康县	26 份	5.17±0.29	4.50	5.50
洛隆县	11 份	5.20±0.16	4.92	5.46
边坝县	11 份	5.22±0.09	5.12	5.31
合计	89 份	5.12±0.37	3.77	5.83

如表 10-6 所示，昌都市各县（区）青稞 β-葡聚糖含量由高到低顺序为，边坝县（5.22%）>洛隆县（5.20%）>卡若区（5.19%）>芒康县（5.17%）>察雅县（5.16%）>左贡县（4.99%）。

阿里地区普兰县 22 份青稞 β-葡聚糖含量情况，见表 10-7。

表 10-7　阿里地区普兰县县青稞 β-葡聚糖含量　　单位：%

县	样品数量	均值	极小值	极大值
普兰县	22 份	4.79±0.51	4.22	5.61

如表 10-7 所示，阿里地区普兰县青稞 β-葡聚糖含量范围为 4.22%~5.61%，平均含量为 4.79%。

10.3.5　不同品种青稞 β-葡聚糖含量

西藏不同品种 254 份青稞 β-葡聚糖含量情况，见表 10-8。

表 10-8 不同品种青稞 β-葡聚糖含量 单位:%

品种	样品数量	均值	极小值	极大值
藏青 2000	74 份	5. 04±0. 42	3. 91	5. 97
喜马拉 22	33 份	5. 17±0. 32	3. 91	5. 73
藏青 320	20 份	4. 87±0. 51	3. 77	5. 61
冬青 18	22 份	5. 48±0. 33	4. 54	6. 46
藏青 3000	9 份	5. 37±0. 26	5. 23	5. 65
当地品种	9 份	5. 33±0. 07	5. 12	5. 51
藏青 17	6 份	5. 20±0. 16	5. 08	5. 52
喜马拉 19	6 份	4. 82±0. 36	4. 22	5. 23
喜马拉 23	4 份	5. 36±0. 17	5. 20	5. 59
山青 9 号	4 份	5. 29±0. 10	5. 15	5. 36
果洛	3 份	5. 08±0. 20	4. 86	5. 24
蓝青稞	28 份	4. 96±0. 36	4. 23	5. 82
黑青稞	16 份	5. 42±0. 34	4. 22	6. 65
紫青稞	4 份	4. 73±0. 32	4. 28	5. 03
察雅黑青稞	7 份	5. 33±0. 18	5. 01	5. 48
丁青小蓝青稞	3 份	5. 29±0. 08	5. 22	5. 38
四棱黑青稞	3 份	5. 61±0. 13	5. 47	5. 72
六棱黑青稞	3 份	5. 64±0. 05	5. 59	5. 70
合计	254 份	5. 23±0. 26	3. 77	6. 65

如表 10-8 所示，分析不同品种青稞 β-葡聚糖含量得出，六棱黑青稞（5. 64%）>四棱黑青稞（5. 61%）>冬青 18（5. 48%）>黑青稞（5. 42%）>藏青 3000（5. 37%）>喜马拉 23（5. 36%）>察雅黑青稞（5. 33%）>当地品种（5. 33%）>山青 9 号（5. 29%）>丁青小蓝青稞（5. 29%）>藏青 17（5. 20%）>喜马拉 22（5. 17%）>果洛（5. 08%）>藏青 2000（5. 04%）>蓝青稞（4. 96%）>藏青 320（4. 87%）>喜马拉 19（4. 82%）>紫青稞（4. 73%）。

藏青 2000 在拉萨市、日喀则市、山南市、林芝市、昌都市 74 份青稞 β-葡聚糖含量情况，见表 10-9。

表 10-9　不同地市藏青 2000β-葡聚糖含量　　单位：%

地市	样品数量	均值	极小值	极大值
拉萨市	31 份	5.14±0.34	4.28	5.97
日喀则市	13 份	5.10±0.20	4.76	5.45
山南市	14 份	5.21±0.38	4.35	5.62
林芝市	3 份	4.65±0.68	3.91	5.25
昌都市	13 份	5.08±0.49	4.23	5.83
合计	74 份	5.04±0.42	3.91	5.97

如表 10-9 所示，藏青 2000 在各地市 β-葡聚糖含量由高到低顺序为：山南市（5.21%）>拉萨市（5.14%）>日喀则市（5.10%）>昌都市（5.08%）>林芝市（4.65%）。

喜马拉 22 在拉萨市、日喀则市、山南市 33 份青稞 β-葡聚糖含量情况，见表 10-10。

表 10-10　不同地市喜马拉 22β-葡聚糖含量　　单位：%

地市	样品数量	均值	极小值	极大值
拉萨市	19 份	5.10±0.35	3.91	5.59
日喀则市	8 份	5.04±0.27	4.47	5.30
山南市	6 份	5.33±0.28	4.92	5.73
合计	33 份	5.17±0.30	3.91	5.73

如表 10-10 所示，喜马拉 22 在各地市 β-葡聚糖含量由高到低顺序为：山南市（5.33%）>拉萨市（5.10%）>日喀则市（5.04%）。

藏青 320 在拉萨市、日喀则市、山南市、昌都市 20 份青稞 β-葡聚糖含量情况，见表 10-11。

表 10-11　不同地市藏青 320β-葡聚糖含量　　单位：%

地市	样品数量	均值	极小值	极大值
拉萨市	7 份	4.88±0.54	4.22	5.50
日喀则市	6 份	5.05±0.21	4.78	5.32
山南市	3 份	5.06±0.77	4.17	5.61

（续表）

地市	样品数量	均值	极小值	极大值
昌都市	4 份	4. 48±0. 52	3. 77	5. 04
合计	20 份	4. 87±0. 51	3. 77	5. 61

如表 10-11 所示，藏青 320 在各地市 β-葡聚糖含量由高到低顺序为：山南市（5. 06%）>日喀则市（5. 05%）>拉萨市（4. 88%）>昌都市（4. 48%）。

冬青 18 在山南市、林芝市 22 份青稞 β-葡聚糖含量情况，见表 10-12。

表 10-12 不同地市冬青 18β-葡聚糖含量 单位：%

地市	样品数量	均值	极小值	极大值
山南市	3 份	5. 25±0. 25	4. 98	5. 46
林芝市	19 份	5. 70±0. 40	4. 54	6. 46
合计	22 份	5. 48±0. 33	4. 54	6. 46

如表 10-12 所示，冬青 18 在各地市 β-葡聚糖含量由高到低顺序为：林芝市（5. 70%）>山南市（5. 25%）。

藏青 3000 在日喀则市、山南市 9 份青稞 β-葡聚糖含量情况，见表 10-13。

表 10-13 不同地市藏青 3000β-葡聚糖含量 单位：%

地市	样品数量	均值	极小值	极大值
日喀则市	5 份	5. 34±0. 09	5. 23	5. 45
山南市	4 份	5. 40±0. 17	5. 29	5. 65
合计	9 份	5. 37±0. 26	5. 23	5. 65

如表 10-13 所示，藏青 3000 在各地市 β-葡聚糖含量由高到低顺序为：山南市（5. 40%）>日喀则市（5. 34%）。

当地品种在山南市、昌都市 9 份青稞 β-葡聚糖含量情况，见表 10-14。

表 10-14　不同地市当地品种 β-葡聚糖含量　单位：%

地市	样品数量	均值	极小值	极大值
山南市	3 份	5.46±0.06	5.39	5.51
昌都市	6 份	5.19±0.07	5.12	5.27
合计	9 份	5.33±0.07	5.12	5.51

如表 10-14 所示，当地品种在各地市 β-葡聚糖含量由高到低顺序为：山南市（5.46%）>昌都市（5.19%）。

蓝青稞在拉萨市、日喀则市、山南市、昌都市、阿里地区 28 份青稞 β-葡聚糖含量情况，见表 10-15。

表 10-15　不同地市蓝青稞 β-葡聚糖含量　单位：%

地市	样品数量	均值	极小值	极大值
拉萨市	3 份	4.63±0.48	4.23	5.16
日喀则市	5 份	5.01±0.24	4.68	5.33
山南市	6 份	5.35±0.42	4.65	5.82
昌都市	11 份	5.13±0.24	4.50	5.35
阿里地区	3 份	4.69±0.41	4.23	5.03
合计	28 份	4.96±0.36	4.23	5.82

如表 10-15 所示，蓝青稞在各地市 β-葡聚糖含量由高到低顺序为：山南市（5.35%）>昌都市（5.13%）>日喀则市（5.01%）>阿里地区（4.69%）>拉萨市（4.63%）。

黑青稞在拉萨市、日喀则市、山南市、林芝市 16 份青稞 β-葡聚糖含量情况，见表 10-16。

表 10-16　不同地市黑青稞 β-葡聚糖含量　单位：%

地市	样品数量（份）	均值	极小值	极大值
拉萨市	5 份	5.13±0.16	4.86	5.25
日喀则市	2 份	5.40±0.15	5.30	5.51
山南市	6 份	5.03±0.53	4.22	5.52
林芝市	3 份	6.10±0.51	5.65	6.65
合计	16 份	5.42±0.34	4.22	6.65

如表 10-16 所示，黑青稞在各地市 β-葡聚糖含量由高到低顺序为：林芝市（6.10%）>日喀则市（5.40%）>拉萨市（5.13%）>山南市（5.03%）。

紫青稞在拉萨市 4 份青稞 β-葡聚糖含量情况，见表 10-17。

表 10-17 拉萨市紫青稞 β-葡聚糖含量 单位：%

地市	样品数量	均值	极小值	极大值
拉萨市	4 份	4.73±0.32	4.28	5.03

如表 10-17 所示，紫青稞在拉萨市 β-葡聚糖含量范围为 4.28%～5.03%，平均含量为 4.73%。

藏青 17 在拉萨市 6 份青稞 β-葡聚糖含量情况，见表 10-18。

表 10-18 拉萨市藏青 17 β-葡聚糖含量 单位：%

地市	样品数量	均值	极小值	极大值
拉萨市	6 份	5.20±0.16	5.08	5.52

如表 10-18 所示，藏青 17 在拉萨市 β-葡聚糖含量范围为 5.08%～5.52%，平均含量为 5.20%。

喜马拉 19 在日喀则市 6 份青稞 β-葡聚糖含量情况，见表 10-19。

表 10-19 日喀则市喜马拉 19 β-葡聚糖含量 单位：%

地市	样品数量	均值	极小值	极大值
日喀则市	6 份	4.82±0.36	4.22	5.23

如表 10-19 所示，喜马拉 19 在拉萨市 β-葡聚糖含量范围为 4.22%～5.23%，平均含量为 4.82%。

喜马拉 23 在日喀则市 4 份青稞 β-葡聚糖含量情况，见表 10-20。

表 10-20 日喀则市喜马拉 23 β-葡聚糖含量 单位：%

地市	样品数量	均值	极小值	极大值
日喀则市	4 份	5.36±0.17	5.20	5.59

如表 10-20 所示，喜马拉 23 在拉萨市 β-葡聚糖含量范围为 5.20%~5.59%，平均含量为 5.36%。

山青 9 号在山南市 4 份青稞 β-葡聚糖含量情况，见表 10-21。

表 10-21　山南市山青 9 号 β-葡聚糖含量　　单位:%

地市	样品数量	均值	极小值	极大值
山南市	4 份	5.29±0.10	5.15	5.36

如表 10-21 所示，山青 9 号在山南市 β-葡聚糖含量范围为 5.15%~5.36%，平均含量为 5.29%。

果洛在林芝市 3 份青稞 β-葡聚糖含量情况，见表 10-22。

表 10-22　林芝市果洛 β-葡聚糖含量　　单位:%

地市	样品数量	均值	极小值	极大值
林芝市	3 份	5.08±0.20	4.86	5.24

如表 10-22 所示，果洛在林芝市 β-葡聚糖含量范围为 4.86%~5.24%，平均含量为 5.08%。

察雅黑青稞在山南市 7 份青稞 β-葡聚糖含量情况，见表 10-23。

表 10-23　山南市察雅黑青稞 β-葡聚糖含量　　单位:%

地市	样品数量	均值	极小值	极大值
昌都市	7 份	5.33±0.18	5.01	5.48

如表 10-23 所示，察雅黑青稞在山南市 β-葡聚糖含量范围为 5.01%~5.48%，平均含量为 5.33%。

丁青小蓝青稞在昌都市 3 份青稞 β-葡聚糖含量情况，见表 10-24。

表 10-24　昌都市丁青小蓝青稞 β-葡聚糖含量　　单位:%

地市	样品数量	均值	极小值	极大值
昌都市	3 份	5.29±0.08	5.22	5.38

如表 10-24 所示，果洛在昌都市 β-葡聚糖含量范围为 5.22%~

5. 38%，平均含量为 5. 29%。

四棱黑青稞在山南市 3 份青稞 β-葡聚糖含量情况，见表 10-25。

表 10-25　山南市四棱黑青稞 β-葡聚糖含量　　单位:%

地市	样品数量	均值	极小值	极大值
山南市	3 份	5. 61±0. 13	5. 47	5. 72

如表 10-25 所示，四棱黑青稞在山南市 β-葡聚糖含量范围为 5. 47%~5. 72%，平均含量为 5. 61%。

六棱黑青稞在山南市 3 份青稞 β-葡聚糖含量情况，见表 10-26。

表 10-26　山南市六棱黑青稞 β-葡聚糖含量　　单位:%

地市	样品数量	均值	极小值	极大值
山南市	3 份	5. 64±0. 05	5. 59	5. 70

如表 10-26 所示，六棱黑青稞在山南市 β-葡聚糖含量范围为 5. 59~5. 70%，平均含量为 5. 64%。

参考文献

陈锦新，张国平，2002. 大麦籽粒发育期 β-葡聚糖含量动态及与气象因子的关系［J］. 应用生态学报，13（4）：417-420.

雷激，2005. 利用生物技术降低啤酒生产中 β-葡聚糖的含量［J］. 西华大学学报 · 自然科学版，24（6）：105-108.

洛桑旦达，强小林，2001. 青稞特有营养成分分析与开发利用现状调查研究报告［J］. 西藏科技，100（8）：55-64.

申瑞玲，姚惠源，董吉林，2004. 莜麦麸水溶性 β-葡聚糖的提取及初步纯化［J］. 饲料工业，25（3）：43-44.

汪海波，刘大川，谢笔钧，2004. 燕麦中 β-葡聚糖的提取及分离纯化工艺研究［J］. 食品科学，25（5）：143-147.

汪军妹，张国平，陈锦新，等，2000. 大麦 β-葡聚糖含量的品种和环境效应［J］. 作物学报，26（6）：969-971.

夏向东，吕飞杰，台建祥，2002. 大麦中的生理活性成分及其生理功能［J］. 中国食品学报（3）：63-67.
杨志坚，章卫国，2000. 大麦葡聚糖在保健食品中的应用［J］. 大麦科学（3）8-10.
尹源明，何国庆，郑小冬，等，2002. 大麦中活性多糖提取的研究［J］. 中国粮油学报（1）：43-44.
张国平，陈锦新，汪军妹，等，2002. 中国大麦 β-葡聚糖含量的品种和环境变异研究［J］. 中国农业科学，35（1）：53-58.
郑建仙，2002. 功能食品［M］. 北京：中国轻工业出版社，411-412.
朱睦元，黄培忠，1999. 大麦育种与生物工程［M］. 上海：上海科学出版社：213-215.
AMAN P，GRAHAM H，1987. Analysis of total and insoluble maxed-linked（1-3）（1-4）-β-*D*-glucans in barley and oats［J］. Journal of Agricultural and Food Chemistry，235：704-709.
BEER M U，WOOD P J，WEISE J，1999. Molecular weight distribution andβ-（1-3）（1-4）-D-glucan content of consecutive extracts of various oat and barley cultivars［J］. Cereal Chem（76）：92-95.
BENGTSSON S，CRAHAM H，et al.，1990. Chemical studies on mixed-linkedβ-glucans in barley cultivars giving different hypocholesterolemic responses in chickens［J］. Journal of the Science of Food and Agriculture（52）：435-445.
BHATTY R S，1993. Extraction and enrichment of（1→3），（1→4）-β-*D*-glucan from barley and oat brans［J］. Cereal Chemistry，70（1）：73-77.
HENRIKSSON K，TELEMAN A，SUORTTI T，et al.，1995. Hydrolysis of barley（1→3）（1→4）-β-*D*-glucan by a cellobiohydrolase Ⅱ preparation from *Trichoderma reesei*［J］. Carbohydrate Polymerse，26（2）：109-119.
IZYDOREZYK M S，STORSLEY J，LABOSSIERE D，et al.，2000. Variation in total and soluble β-glucan content in hulless barley：effects of thermal，physical，and enzymatic treatment［J］. Journal of Agricultural and Food Chemistry（48）：982-989.
KAHLON T S，CHOW F I，1997 . Hypocholesterolemic effects of oat,

rice, and barley dietary fibers and fractions [J]. Cereal Food World, 42: 86-92.

KIM Y T, KIM E H, CHEONG C, et al., 2000. Structural characterization of β-*D*- (1-3, 1-4) -linked glucans using NMR spectroscopy [J]. Carbohydrate Research, 328 (3): 331-341.

KNUCKLES B E, CHIU M M, 1999. β-glucanase activity and molecular weight of β-glucan in barley after various treatments [J]. Cereal Chemistry, 76 (1): 92-95.

KOROLENKO T A, DJANAYEVA S, POTERYAEVA O N, et al., 2002. Antimetastatic and antitumor effect of chemically modilied glucans [J]. European Journal of Cancer, 38 (1): 43-44.

MCCLEARY B V, GLENNIE - HOLMES M, 1985. Enzymatic quantification of (1-3) (1-4) -β-*D*-glucan in barley and malt [J]. Journal of the Institute of the Brewing, 91: 285-295.

NEWMAN R K, NEWMAN L W, GRAHAM H, 1989. The hypocholesterolemic function of barleyβ-glucan [J]. Cereal Foods World, 34: 883-886.

SCOTT R W, 1972. The viscosity of worts in relation to their content of β-glucans [J]. Journal of the Institute of Brewing, 78: 411-412.

SHI Y T, ZHU M Y, 2001. Research advance of barley and barley β-glucanase [J]. Barley Science, 1: 5-8.

TEMELLI F, 1997. Extraction and functional properties of barly β-glucan as affected by temperature and pH [J]. Journal of Food Science, 62 (5): 1194-1197.

WOOD P J, WEISZ P, FEDEC P, 1991. Potential for β-glucan enrichment in brans derived from oat (*Avena sativa* L.) cultivars of different β- (1-3) (1-4) -*D*-glucan concentration [J]. Cereal Chem (68): 48-51.

11 青稞黄酮

11.1 黄酮

黄酮（flavone）是指两个具有酚羟基的苯环（A 环与 B 环）通过中央三碳原子相互连接而成的一系列化合物，即具有 C6-C3-C6 结构的一类化合物的总称，其基本母核为 2-苯基色原酮（图 11-1），也包括黄酮的同分异构体及其氢化和还原产物。黄酮类化合物广泛存在于自然界的植物中，属植物次生代谢产物。在植物体内大部分与糖结合成苷类或以碳糖基的形式存在，也有的以游离形式存在。天然黄酮类化合物母核上常含有羟基、甲氧基、烃氧基、异戊烯氧基等取代基。由于这些助色团的存在，该类化合物多显黄色，而且其结构里面含有酮基，因此称为黄酮。由于分子中 γ-吡酮环上的氧原子能与强酸成盐而表现为弱碱性，因此曾称为黄碱素类化合物。

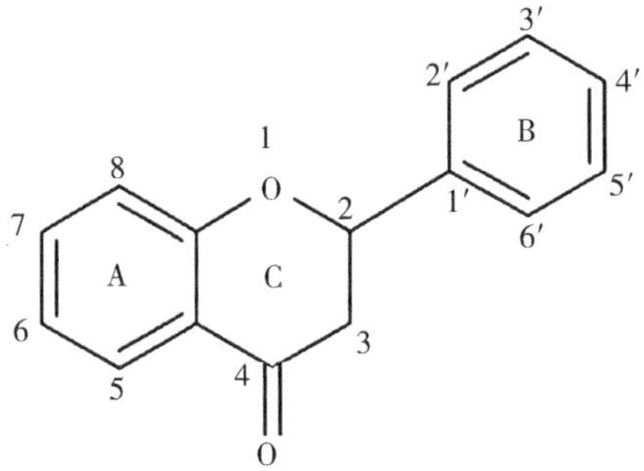

图 11-1　黄酮基本母核分子结构式

根据 C 环的氧化程度、B-环连接位置（2-或 3-位）以及 C 环部分是否构成环状等特点，可将主要的天然黄酮类化合物分类：黄酮类（flavones)、黄酮醇（flavonol)、二氢黄酮类（flavonones)、二氢黄酮醇类(flavanonol)、花色素类（anthocyanidins)、黄烷-3,4 二醇类（flavan-3,4-diols)、双苯吡酮类（xanthones)、查耳酮（chalcones）和双黄酮类(biflavonoids）等。另外，还有一些黄酮类化合物的结构很复杂，其中包括榕碱及异榕碱等生物碱型黄酮。通常分类如下。

（1）黄酮和黄酮醇

这里指的是狭义的黄酮，即 2-苯基色原酮（2-苯基苯并 γ 吡喃酮）类，此类化合物数量最多，尤其是黄酮醇。如芫花中的芹菜素、金银花中的木犀草素属于黄酮类；银杏中的山柰素和槲皮素属于黄酮醇类。

（2）二氢黄酮和二氢黄酮醇

与黄酮和黄酮醇相比，其结构中 C 环 C2-C3 位双键被饱和，他们在植物体内常与相应的黄酮和黄酮醇共存。如甘草中的甘草素、橙皮中的橙皮苷均属于二氢黄酮类；满山红中的二氢槲皮素、桑枝中的二氢桑色素均属于二氢黄酮醇类。

（3）异黄酮和二氢异黄酮

异黄酮类为具有 3-苯基色原酮基本骨架的化合物，与黄酮相比，其 B 环位置连接不同。如葛根中的葛根素、大豆苷及大豆素均为异黄酮。二氢异黄酮类可看作是异黄酮类 C2 和 C3 双键被还原成单键的一类化合物。如广豆根中的紫檀素就属于二氢异黄酮的衍生物。

（4）查耳酮和二氢查耳酮类

查耳酮的主要结构特点是 C 环未成环，另外定位也与其他黄酮不同。查耳酮可以看作是二氢黄酮在碱性条件下 C 环开环的产物，两者互为同分异构体，常在植物体内共存，两者的转变伴随着颜色的变化。二氢查耳酮在植物界分布极少。中药红花中的红花苷为查耳酮类。红花在开花初期时，花中主要成分为无色的新红花苷（二氢黄酮类）及微量红花苷，故花冠是淡黄色；开花中期花中主要成分为黄色的红花苷，故花冠为深黄色；开花后期则变成红色的醌式红花苷，故花冠为红色。

（5）橙酮类

橙酮可看作是黄酮的 C 环分出一个碳原子变成五元环，其余部位不变，但 C 原子定位也有所不同。橙酮是黄酮的同分异构体，属于苯并呋喃的衍生物，又名噢哢。黄花波斯菊花中含有的硫黄菊素就属于此类化合物。

(6) 花色素类

花色素类是一类以离子形式存在的色原烯的衍生物，广泛存在于植物的花、果、叶、茎等部位，是形成植物蓝色、红色、紫色的色素。由于花色素多以苷的形式存在，故又称花色苷。矢车菊素、飞燕草素、天竺葵素等属于此类。

(7) 黄烷醇类

黄烷醇类是由二氢黄酮醇类还原而来，可看成是脱去 C4 位羰基氧原子后的二氢黄酮醇类。黄烷-3-醇在植物界分布很广，如（+）儿茶素（catechin）和（-）表儿茶素（epicatechin），故又称为儿茶素类。

(8) 其他黄酮类

此类化合物大多不具有 C6-C3-C6 的基本骨架，但因具有苯并 γ-吡喃酮结构，也被归为黄酮类化合物。

双黄酮类：由 2 个黄酮衍生物分子通过 C—C 键或 C—O—C 键聚合而成的二聚物。如银杏叶中含有的银杏素即为 C—C 键相结合的双黄酮衍生物。

高异黄酮：和异黄酮相比，其 B 环和 C 环之间多了一个—CH_2—。如麦冬中存在的麦冬高异黄酮 A。

呋喃色原酮：色原酮的 C6-C7 位并上一个呋喃环。如从牙签芹（又称阿米芹、凯刺）种子和果实中得到的凯林。

苯色原酮：色原酮的 C6-C7 位并上一个苯环。如决明子中含有的红镰玫素属于此类。

11.2 黄酮的主要功效

(1) 保护心血管系统

不少治疗冠心病有效的中成药均含黄酮类化合物，研究发现芦丁、槲皮素、葛根素以及人工合成的立可定等均有明显的扩冠作用；槲皮素、芦丁、金丝桃苷、葛根素、灯盏花素、葛根总黄酮、银杏叶总黄酮对缺血性脑损伤有保护作用；金丝桃苷、水飞蓟素、木犀草素、沙棘总黄酮对心肌缺血性损伤有保护作用；银杏叶总黄酮、葛根素、大豆苷元等对心肌缺氧性损伤有明显保护作用。此外，沙棘总黄酮、苦参总黄酮、甘草黄酮具有抗心律失常作用。

（2）抗菌及抗病毒活性

木犀草素、黄芩苷、黄芩素等均有一定的抗菌作用；槲皮素、二氢槲皮素、桑色素、山柰酚等具有抗病毒作用；从菊花、獐牙菜中分离得到的黄酮单体对 HIV 病毒有较强抑制作用，大豆苷元、染料木素、鸡豆黄素 A 对 HIV 病毒也有一定抑制作用。

（3）抗肿瘤活性

黄酮类化合物的抗肿瘤机制多种多样，如槲皮素的抗肿瘤活性与其抗氧化作用、抑制相关酶的活性、降低肿瘤细胞耐药性、诱导肿瘤细胞凋亡及雌激素样作用等有关；水飞蓟素的抗肿瘤活性与其抗氧化作用、抑制相关酶活性、诱导细胞周期阻滞等有关。

（4）抗氧化自由基活性

大多数黄酮类化合物均有较强的抗氧化自由基作用，而黄酮类化合物的一些药理活性也往往与其抗氧化自由基相关。

（5）抗炎、镇痛活性

芦丁、羟基芦丁、二氢槲皮素等对角叉菜胶、5-HT 及 PGE 诱发的大鼠足爪水肿、甲醛引起的关节炎及棉球肉芽肿等均有明显抑制作用；金荞麦中的双聚原矢车菊苷元有抗炎、解热、祛痰等作用；金丝桃苷、芦丁、槲皮素及银杏叶总黄酮等有良好的镇痛作用。

（6）保肝活性

水飞蓟素对中毒性肝损伤、急慢性肝炎、肝硬化等有良好的治疗作用；淫羊藿黄酮、黄芩素、黄芩苷能抑制肝组织脂质过氧化、提高肝脏超氧化物歧化酶（SOD）活性、减少肝组织脂褐素形成，对肝脏有保护作用；甘草黄酮可保护乙醇所致肝细胞超微结构的损伤等。

此外，大量研究表明黄酮类化合物还具有降血压、降血脂、抗衰老、提高机体免疫力、泻下、镇咳、祛痰、解痉及抗变态等药理活性。有学者研究发现青稞花色苷类具有较强的清除羟自由基能力；在黑青稞中提取到了以花青素为主的类黄酮物质，并通过细胞损伤模型研究其活性与缺氧损伤细胞的作用，结果发现黑青稞中的类黄酮提取物在稳定线粒体膜电位，抑制心肌细胞凋亡，抑制 ROS（活性氧）产生，提高 SOD 活性，促进抑凋亡蛋白 Bcl-2 的表达方面均有作用。

11.3 西藏青稞黄酮含量

11.3.1 黄酮检测方法

青稞黄酮的测定方法主要采用紫外分光光度法。黄酮类化合物的酚羟基与铝盐、镁盐、铅盐、锆盐等试剂反应，可生成有色的络合物，可供黄酮类的鉴别。产生络合作用的条件是黄酮类成分必须具备下列条件之一，如5-羟基、3-羟基或邻二羟基。根据有色络合物的最大吸收波长，在一定的浓度范围内，有色络合物的吸光值与黄酮的浓度成正比，符合朗伯比尔定律，可进行定量测定。常用的试剂有三氯化铝、醋酸铅、醋酸镁与二氯氧化锆等试剂。

参考标准有 NY/T 1295—2007《荞麦及其制品中总黄酮含量的测定》。

11.3.2 青稞品种、产地及来源

本研究经过2021年、2023年，选取西藏自治区拉萨市、山南市、日喀则市、昌都市和林芝市5个市主产县（市、区）13个青稞品种，共计348份样品进行青稞黄酮含量分析。其中，拉萨市73份、山南市71份、日喀则市99份、昌都市63份、林芝市42份；品种包括藏青2000、喜马拉22、冬青18、蓝青稞、黑青稞、藏青3000、藏青320、察雅黑青稞、藏青17、喜马拉19、喜马拉23、山青9号、康青。

本研究采用 NY/T 1295—2007《荞麦及其制品中总黄酮含量的测定》的方法测定青稞总黄酮含量。

11.3.3 各地市青稞黄酮含量

西藏自治区拉萨市、日喀则市、山南市、林芝市、昌都市5个市348份青稞黄酮含量范围为0.004～0.281 g/100 g，平均含量为0.098 g/100 g。详见表11-1。

表 11-1 各地市青稞黄酮含量 单位：g/100 g

地市名称	样品数量	均值	极小值	极大值
拉萨市	73 份	0.098±0.029	0.004	0.177
日喀则市	99 份	0.080±0.022	0.011	0.274
山南市	71 份	0.104±0.027	0.020	0.206
林芝市	42 份	0.084±0.022	0.039	0.162
昌都市	63 份	0.131±0.035	0.040	0.281
合计	348 份	0.098±0.031	0.004	0.281

如表 11-1 所示，比较西藏不同产区青稞黄酮含量，产自拉萨市的青稞黄酮含量范围为 0.004~0.177 g/100 g，平均含量为 0.098 g/100 g；产自日喀则市的青稞黄酮含量范围为 0.011~0.274 g/100 g，平均含量为 0.080 g/100 g；产自山南市的青稞黄酮含量范围为 0.020~0.206 g/100 g，平均含量为 0.104 g/100 g；产自林芝市的青稞黄酮含量范围为 0.039~0.162 g/100 g，平均含量为 0.084 g/100 g；产自昌都市的青稞黄酮含量范围为 0.040~0.281 g/100 g，平均含量为 0.131 g/100 g。各地市青稞黄酮平均含量由高到低顺序为：昌都市（0.131 g/100 g）>山南市（0.104 g/100 g）>拉萨市（0.098 g/100 g）>林芝市（0.084 g/100 g）>日喀则市（0.080 g/100 g）。

11.3.4 各地市所辖县（市、区）青稞黄酮含量

拉萨市达孜区、林周县、曲水县及墨竹工卡县 4 个县（区）73 份青稞黄酮含量情况，见表 11-2。

表 11-2 拉萨市各县（区）青稞黄酮含量 单位：g/100 g

县（区）	样品数量	均值	极小值	极大值
达孜区	16 份	0.090±0.018	0.061	0.120
林周县	22 份	0.105±0.023	0.074	0.155
曲水县	7 份	0.109±0.030	0.069	0.163
墨竹工卡县	28 份	0.094±0.021	0.004	0.177
合计	73 份	0.098±0.029	0.004	0.177

如表 11-2 所示，拉萨市各县（区）青稞黄酮含量由高到低顺序为：曲水县（0.109 g/100 g）>林周县（0.105 g/100 g）>墨竹工卡县（0.094 g/100 g）达孜区（0.090 g/100 g），曲水县与林周县青稞黄酮含量稍高于墨竹工卡县和达孜区。

日喀则市桑珠孜区、江孜县、白朗县、康马县 4 个县（区）99 份青稞黄酮含量情况，见表 11-3。

表 11-3　日喀则市各县（区）青稞黄酮含量　　单位：g/100 g

县（区）	样品数量	均值	极小值	极大值
桑珠孜区	12 份	0.090±0.025	0.014	0.274
江孜县	38 份	0.072±0.014	0.018	0.193
白朗县	30 份	0.078±0.015	0.026	0.220
康马县	19 份	0.093±0.020	0.011	0.186
合计	99 份	0.080±0.022	0.011	0.274

如表 11-3 所示，日喀则市各县（区）青稞黄酮含量由高到低顺序为：康马县（0.093 g/100 g）>桑珠孜区（0.090 g/100 g）>白朗县（0.078 g/100 g）>江孜县（0.072 g/100 g），产自康马县、桑珠孜区青稞黄酮含量稍高于白朗县和江孜县产区。

山南市乃东区、扎囊县、贡嘎县、桑日县和隆子县 5 个县（区）71 份青稞黄酮含量情况，见表 11-4。

表 11-4　山南市各县（区）青稞黄酮含量　　单位：g/100 g

县（区）	样品数量	均值	极小值	极大值
乃东区	6 份	0.105±0.034	0.062	0.153
扎囊县	14 份	0.105±0.021	0.073	0.137
贡嘎县	34 份	0.096±0.022	0.050	0.186
桑日县	11 份	0.087±0.016	0.020	0.134
隆子县	6 份	0.173±0.030	0.134	0.206
合计	71 份	0.104±0.027	0.020	0.206

如表 11-4 所示，山南市各县（区）青稞黄酮含量由高到低顺序为：

隆子县（0.173 g/100 g）>乃东区、扎囊县（0.105 g/100 g）>贡嘎县（0.096 g/100 g）>桑日县（0.087 g/100 g），产自隆子县青稞黄酮含量稍高于山南市其他区县，其次是乃东区和扎囊县青稞黄酮平均含量相当。

林芝市巴宜区、工布江达县、米林县（米林市）、朗县4个县（市、区）42份青稞黄酮含量情况，见表11-5。

表11-5 林芝市各县（市、区）青稞黄酮含量 单位：g/100 g

县（市、区）	样品数量	均值	极小值	极大值
巴宜区	12份	0.095±0.031	0.064	0.162
工布江达县	4份	0.074±0.014	0.058	0.091
米林县（米林市）	11份	0.077±0.019	0.039	0.107
朗县	15份	0.083±0.018	0.040	0.117
合计	42份	0.084±0.022	0.039	0.162

如表11-5所示，林芝市各县（市、区）青稞黄酮含量由高到低顺序为：巴宜区（0.095 g/100 g）>朗县（0.083 g/100 g）>米林县（米林市）（0.077 g/100 g）>工布江达县（0.074 g/100 g），林芝市巴宜区产区的青稞黄酮平均含量明显高于其他区县，产自米林县（米林市）与工布江达县青稞黄酮含量差异不大。

昌都市卡若区、左贡县、察雅县、芒康县、洛隆县、边坝县6个县（区）63份青稞黄酮含量情况，见表11-6。

表11-6 昌都市各县（区）青稞黄酮含量 单位：g/100 g

县（区）	样品数量	均值	极小值	极大值
卡若区	6份	0.095±0.025	0.066	0.138
左贡县	23份	0.130±0.034	0.040	0.192
察雅县	12份	0.181±0.041	0.127	0.281
芒康县	6份	0.075±0.022	0.042	0.099
洛隆县	13份	0.138±0.032	0.094	0.227
边坝县	3份	0.103±0.008	0.095	0.111
合计	63份	0.131±0.035	0.040	0.281

如表 11-6 所示，昌都市各县（区）青稞黄酮含量由高到低顺序为：察雅县（0.181 g/100 g）>洛隆县（0.138 g/100 g）>左贡县（0.130 g/100 g）>边坝县（0.103 g/100 g）>卡若区（0.095 g/100 g）>芒康县（0.075 g/100 g），察雅县产区的青稞黄酮平均含量明显高于其他昌都区县，产自洛隆县与左贡县的青稞黄酮含量稍高于边坝县和卡若区。

总体上，西藏地市 5 个主要青稞产地 30 个品种的 348 个样品的黄酮含量均值为 0.004~0.281 g/100 g，平均含量为 0.098 g/100 g。各地市青稞黄酮平均含量由高到低顺序为：昌都市（0.131 g/100 g）>山南市（0.104 g/100 g）>拉萨市（0.098 g/100 g）>林芝市（0.084 g/100 g）>日喀则市（0.080 g/100 g）。昌都市、山南市产地青稞品种黄酮平均含量明显高于其他地市，昌都市、山南市平均海拔为 3 500 m 左右，而林芝市和日喀则市平均海拔为 3 100 m，其青稞黄酮含量相对较低，说明了产地在海拔 3 500 m 左右的青稞黄酮物质含量相对较高。

11.3.5 不同品种青稞黄酮含量

西藏不同品种 319 份青稞黄酮含量情况，见表 11-7。

表 11-7 不同品种青稞黄酮含量 单位：g/100 g

品种	样品数量	均值	极小值	极大值
藏青 2000	89 份	0.091±0.031	0.004	0.227
喜马拉 22	66 份	0.102±0.038	0.023	0.220
冬青 18	34 份	0.081±0.024	0.024	0.142
蓝青稞	30 份	0.080±0.025	0.018	0.137
黑青稞	27 份	0.143±0.041	0.074	0.206
藏青 3000	23 份	0.090±0.032	0.029	0.274
藏青 320	13 份	0.074±0.020	0.011	0.148
察雅黑青稞	13 份	0.177±0.045	0.127	0.281
藏青 17	7 份	0.047±0.006	0.026	0.118
喜马拉 19	5 份	0.109±0.040	0.049	0.179
喜马拉 23	5 份	0.032±0.003	0.014	0.088
山青 9 号	4 份	0.113±0.020	0.088	0.137
康青	3 份	0.162±0.008	0.153	0.169
合计	319 份	0.097±0.035	0.004	0.281

如表 11-7 所示，分析不同品种青稞黄酮含量得出，察雅黑青稞（0.177 g/100 g）>康青（0.162 g/100 g）>黑青稞（0.143 g/100 g）>山青 9 号（0.113 g/100 g）>喜马拉 19（0.109 g/100 g）>喜马拉 22（0.102 g/100 g）>藏青 2000 和藏青 3000（0.090 g/100 g）>冬青 18（0.081 g/100 g）>蓝青稞（0.080 g/100 g）>藏青 320（0.074 g/100 g）>藏青 17（0.047 g/100 g）>喜马拉 23（0.032 g/100 g），黄酮含量的变幅为 0.046~0.281 g/100 g，彩色青稞品种（如察雅黑青稞、康青、黑青稞品系）黄酮含量比白色青稞（如冬青 18 品系）较高，两者差异显著。

藏青 2000 在拉萨市、日喀则市、山南市、林芝市、昌都市 89 份青稞黄酮含量情况，见表 11-8。

表 11-8 不同地市藏青 2000 黄酮含量 单位：g/100 g

地市名称	样品数量	均值	极小值	极大值
拉萨市	39 份	0.089±0.027	0.004	0.156
日喀则市	19 份	0.072±0.021	0.028	0.186
山南市	19 份	0.104±0.024	0.050	0.186
林芝市	5 份	0.073±0.011	0.058	0.078
昌都市	7 份	0.123±0.017	0.042	0.227
合计	89 份	0.091±0.031	0.004	0.227

如表 11-8 所示，藏青 2000 在各地市黄酮含量由高到低顺序为：昌都市（0.123 g/100 g）>山南市（0.104 g/100 g）>拉萨市（0.089 g/100 g）>林芝市（0.073 g/100 g）>日喀则市（0.072 g/100 g）。

喜马拉 22 在拉萨市、日喀则市、山南市、林芝市、昌都市 66 份青稞黄酮含量情况，见表 11-9。

表 11-9 不同地市喜马拉 22 黄酮含量 单位：g/100 g

地市	样品数量	均值	极小值	极大值
拉萨市	29 份	0.103±0.026	0.060	0.134
日喀则市	12 份	0.064±0.016	0.023	0.220
山南市	8 份	0.102±0.020	0.073	0.137

（续表）

地市	样品数量	均值	极小值	极大值
林芝市	3 份	0.112±0.021	0.078	0.162
昌都市	14 份	0.121±0.017	0.057	0.167
合计	66 份	0.102±0.038	0.023	0.220

如表 11-9 所示，喜马拉 22 在各地市黄酮含量由高到低顺序为：昌都市（0.121 g/100 g）>林芝市（0.112 g/100 g）>拉萨市（0.103 g/100 g）>山南市（0.102 g/100 g）>日喀则市（0.064 g/100 g）。

冬青 18 在山南市、林芝市 34 份青稞黄酮含量情况，见表 11-10。

表 11-10　不同地市冬青 18 黄酮含量　单位：g/100 g

地市	样品数量	均值	极小值	极大值
山南市	6 份	0.075±0.015	0.024	0.111
林芝市	28 份	0.082±0.016	0.040	0.142
合计	34 份	0.081±0.024	0.024	0.142

如表 11-10 所示，冬青 18 在各地市黄酮含量由高到低顺序为：林芝市（0.082 g/100 g）>山南市（0.075 g/100 g）。

蓝青稞在日喀则市、山南市、昌都市 30 份青稞黄酮含量情况，见表 11-11。

表 11-11　不同地市蓝青稞黄酮含量　单位：g/100 g

地市	样品数量	均值	极小值	极大值
日喀则市	10 份	0.061±0.012	0.018	0.089
山南市	8 份	0.072±0.015	0.020	0.137
昌都市	12 份	0.097±0.019	0.040	0.129
合计	30 份	0.080±0.025	0.018	0.137

如表 11-11 所示，蓝青稞在各地市黄酮含量由高到低顺序为：昌都市（0.097 g/100 g）>山南市（0.072 g/100 g）>日喀则市（0.061 g/100 g）。

黑青稞在拉萨市、日喀则市、山南市、林芝市、昌都市 27 份青稞黄酮含量情况，见表 11-12。

表 11-12　不同地市黑青稞黄酮含量　单位：g/100 g

地市	样品数量	均值	极小值	极大值
拉萨市	3 份	0. 143±0. 009	0. 134	0. 155
日喀则市	8 份	0. 136±0. 022	0. 074	0. 193
山南市	10 份	0. 152±0. 027	0. 091	0. 206
林芝市	3 份	0. 091±0. 009	0. 078	0. 101
昌都市	3 份	0. 176±0. 005	0. 181	0. 192
合计	27 份	0. 143±0. 041	0. 074	0. 206

如表 11-12 所示，黑青稞在各地市黄酮含量由高到低顺序为：昌都市（0. 176 g/100 g）>山南市（0. 152 g/100 g）>拉萨市（0. 143 g/100 g）>日喀则市（0. 136 g/100 g）>林芝市（0. 091 g/100 g）。

藏青 3000 在拉萨市、日喀则市、山南市、昌都市 23 份青稞黄酮含量情况，见表 11-13。

表 11-13　不同地市藏青 3000 黄酮含量　单位：g/100 g

地市	样品数量	均值	极小值	极大值
拉萨市	1 份	0. 163		
日喀则市	11 份	0. 079±0. 014	0. 029	0. 274
山南市	10 份	0. 089±0. 015	0. 085	0. 117
昌都市	1 份	0. 154		
合计	23 份	0. 090±0. 032	0. 029	0. 274

如表 11-13 所示，藏青 3000 在各地市黄酮含量由高到低顺序为：拉萨市（0. 163 g/100 g）>昌都市（0. 154 g/100 g）>山南市（0. 089 g/100 g）>日喀则市（0. 079 g/100 g）。

藏青 320 在拉萨市、日喀则市、山南市、林芝市、昌都市 13 份青稞黄酮含量情况，见表 11-14。

表 11-14　不同地市藏青 320 黄酮含量　单位：g/100 g

地市	样品数量	均值	极小值	极大值
日喀则市	12 份	0. 069±0. 017	0. 011	0. 148
山南市	1 份	0. 128		
合计	13 份	0. 074±0. 020	0. 011	0. 148

如表 11-14 所示，藏青 320 在各地市黄酮含量由高到低顺序为：山南市（0. 128 g/100 g）>日喀则市（0. 069 g/100 g）。

察雅黑青稞在昌都市 13 份青稞黄酮含量情况，见表 11-15。

表 11-15　昌都市察雅黑青稞黄酮含量　单位：g/100 g

地市	样品数量	均值	极小值	极大值
昌都市	13 份	0. 177±0. 045	0. 127	0. 281

如表 11-15 所示，察雅黑青稞在昌都市黄酮含量范围为 0. 127～0. 281 g/100 g，平均含量为 0. 177 g/100 g。

藏青 17 在日喀则市 7 份青稞黄酮含量情况，见表 11-16。

表 11-16　日喀则市藏青 17 黄酮含量　单位：g/100 g

地市	样品数量	均值	极小值	极大值
日喀则市	7 份	0. 047±0. 006	0. 026	0. 118

如表 11-16 所示，藏青 17 在日喀则市黄酮含量范围为 0. 026～0. 118 g/100 g，平均含量为 0. 047 g/100 g。

喜马拉 19 在日喀则市 5 份青稞黄酮含量情况，见表 11-17。

表 11-17　日喀则市喜马拉 19 黄酮含量　单位：g/100 g

地市	样品数量	均值	极小值	极大值
日喀则市	5 份	0. 109±0. 040	0. 049	0. 179

如表 11-17 所示，喜马拉 19 在日喀则市黄酮含量范围为 0. 049～0. 179 g/100 g，平均含量为 0. 109 g/100 g。

喜马拉23在日喀则市5份青稞黄酮含量情况，见表11-18。

表11-18　日喀则市喜马拉23黄酮含量　　单位：g/100 g

地市	样品数量	均值	极小值	极大值
日喀则市	5份	0.032±0.003	0.014	0.088

如表11-18所示，喜马拉23在日喀则市黄酮含量范围为0.014~0.088 g/100 g，平均含量为0.032 g/100 g。

山青9号在日喀则市4份青稞黄酮含量情况，见表11-19。

表11-19　日喀则市山青9号黄酮含量　　单位：g/100 g

地市	样品数量	均值	极小值	极大值
日喀则市	4份	0.113±0.020	0.088	0.137

如表11-19所示，山青9号在日喀则市黄酮含量范围为0.088~0.137 g/100 g，平均含量为0.113 g/100 g。

康青在昌都市3份青稞黄酮含量情况，见表11-20。

表11-20　昌都市康青黄酮含量　　单位：g/100 g

地市	样品数量	均值	极小值	极大值
昌都市	3份	0.162 ±0.008	0.153	0.169

如表11-20所示，康青在昌都市黄酮含量范围为0.153~0.169 g/100 g，平均含量为0.162 g/100 g。

前人学者探讨西藏不同青稞品种（品系）黄酮含量存在差异。黑粒、紫粒、白粒青稞黄酮含量均值分别为0.200 g/100 g、0.180 g/100 g、0.180 g/100 g，黑粒青稞黄酮含量相对白粒较高；同时，据报道，日喀则市紫色青稞总黄酮平均含量均极显著高于日喀则市蓝色青稞，总黄酮含量在0.044~0.125 g/100 g，平均含量为0.078 g/100 g。日喀则市紫色青稞总黄酮平均含量为0.850 g/100 g，极显著高于蓝色青稞（平均含量为0.071 g/100 g），紫色青稞总黄酮平均含量极显著高于蓝色青稞，因不同时期的青稞样品，黄酮含量略有差异，其与本文的结果数据基本相吻合。

此外，青稞中黄酮含量除与品种有关外，可能跟土壤因子有关。有学者研究报道，土壤水解氮含量与 pH 值是影响青稞黄酮含量的主要因子，在酸性、强碱性土壤逆境环境下，青稞黄酮含量较高。

参考文献

安震，2020. 西藏日喀则市蓝、紫色青稞 4 项营养成分差异性分析［J］. 大麦与谷类科学，37（4）：30-33.

白婷，靳玉龙，朱明霞，等，2018. 56 份青藏高原不同区域青稞籽粒营养品质综合评价［J］. 食品工业科技，39（23）：318-322，328.

白婷，靳玉龙，朱明霞，等，2019. 海拔差异对青稞品质影响的研究［J］. 中国粮油学报，34（2）：34-39.

冯朵，王靖，季晓娇，等，2020. 青稞功效成分和保健功能研究进展［J］. 食品科技，45（9）：57-61.

冯格格，佘永新，洪思慧，等，2020. 青稞中主要功效成分最新研究进展［J］. 农产品质量与安全（2）：82-89.

甘子鹏，2022. 青藏高原青稞品质与气象条件的关系［D］. 兰州：兰州交通大学.

葛飞，2023. 制粉与挤压改性对青稞粉理化特性及饼干食用品质改良研究［D］. 南京：南京财经大学.

侯殿志，沈群，2020. 我国 29 种青稞的营养及功能组分分析［J］. 中国食品学报，20（2）：289-298.

贾湃湃，2023. 不同储藏方式对青稞品质影响的研究［D］. 西宁：青海大学.

靳玉龙，白婷，朱明霞，2018. 西藏不同紫青稞品种（系）中酚类物质的含量与特性分析［J］. 大麦与谷类科学，35（4）：12-15.

梁丽静，王松涛，贾俊杰，等，2022. 不同青稞籽粒品质特性与酿酒品质关系分析［J］. 食品科学，43（23）：27-33.

刘小娇，王姗姗，白婷，等，2019. 青稞营养及其制品研究进展［J］. 粮食与食品工业，26（1）：43-47.

陆培，安明哲，李茂，等，2022. 青稞营养成分研究进展及其应用现状［J］. 酿酒科技，337（7）：110-116.

马伟东，2022. 气候变化对青藏高原青稞种植的影响评估［D］. 西宁：青海师范大学 . DOI：10. 27778/d. cnki. gqhzy. 2022. 000690.

孟胜亚，张文会，于翠翠，等，2019. 西藏 12 个青稞品种（系）籽粒营养品质的比较分析［J］. 大麦与谷类科学，36（6）：1-5.
王璇琳，丁雪洁，任素萍，等，2014. 黑青稞籽皮类黄酮的提取及其对缺氧损伤细胞的保护作用［J］. 中国医药导报，11（21）：90-94.
夏陈，向卓亚，朱永清，等，2020. 不同品种青稞中总多酚、总黄酮含量及抗氧化性比较［J］. 食品与机械，36（6）：162-165.
杨涛，闵康，曾亚文，等，2015. 青稞和普通大麦全谷物功能成分差异分析［J］. 西南农业学报，28（6）：2360-2362.
张帅，吴昆仑，姚晓华，等，2017. 不同粒色青稞营养品质与抗氧化活性物质差异性分析［J］. 青海大学学报，35（2）：19-27.
张唐伟，余耀斌，拉琼，2017. 西藏不同青稞品种的品质差异分析［J］. 大麦与谷类科学，34（1）：28-32，41.
张唐伟，余耀斌，吴雪莲，等，2018. 藏青 2000 在不同生态域的品质差异性分析［J］. 安徽农业科学，46（5）：176-177，182.
张文会，顿珠次仁，2015. 青稞总黄酮提取工艺优化［J］. 粮食加工，40（5）：60-62.
赵萌萌，张文刚，党斌，等，2020. 超微粉碎对青稞麸皮粉多酚组成及抗氧化活性的影响［J］. 农业工程学报，36（15）：291-298.

12　青稞花青素

12.1　花青素

花青素（anthocyanidin）又称花色素，是植物中的水溶性色素，也是植物花瓣中的主要呈色物质，广泛存在于27个科72个属的开花植物（被子植物）中。其中花青素含量较高的植物有葡萄、山楂、紫薯、银杏、花生、苹果、茶、沙棘等，目前研究最多的有葡萄和紫薯。花青素属于类黄酮化合物，其基本结构母核是2-苯基苯并呋喃（图12-1），大多数花青素在花色基元的3-、5-、7-碳位上有取代羟基。由于A环和B环各碳位上的取代基不同（羟基或甲氧基），形成了各种各样的花青素，目前已知的有20多种，植物中常见的有天竺葵色素、矢车菊色素、飞燕草色素、芍药色素、牵牛色素及锦葵色素的衍生物6种。

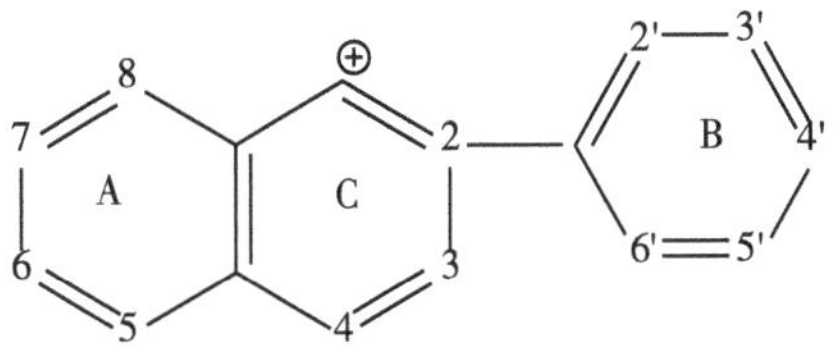

图12-1　花青素基本结构

12.2　花青素的主要功效

（1）抗氧化作用

花青素抗氧化作用可能与其清除t-BUOO·、叔丁基过氧化物自由基或阻止亚油酸自动氧化引起的脂质过氧化有关。资名扬等的研究发现花青素浓度为 1.0 mg/m L 时，对 · OH 与 · O^{2-} 的清除率分别达到 85.63%与 87.56%；浓度为 0.6 mg/mL 时，对 DPPH · 的清除率达到 90.69%。

（2）抗炎作用

Karlsen 等研究发现，从越橘、黑加仑中提取的花青素能有效抑制脂多糖诱导的转录因子 NF-κB 的活化，花青素可能通过抑制 NF-κB 来预防或治疗慢性炎症，并且能降低血清中促炎性趋化因子、细胞因子和炎症介质的浓度。

（3）抗癌功能

相关研究证明，花青素对多种癌细胞具有不同程度的抑制作用。高爱霞等在肺癌细胞 NCI-H460 的抗肿瘤研究中发现，花青素作用于该细胞 72 h 的 IC_{50} 为 90.8 μg/mL，表明花青素对这种癌细胞有明显的增殖抑制作用，并且呈剂量-时间依赖性，能够诱导该细胞的凋亡，在体内也能够抑制裸鼠肿瘤的生长。Li 等的研究发现黑树莓提取物对食管癌小鼠的抑制作用与花青素相当，显示黑树莓提取物可能对食管肿瘤的治疗有一定的价值。

（4）对脂类代谢的影响

蔡花真等发现花青素可抑制 Fe^{2+}-H_2O_2 诱导的小鼠肝组织匀浆的脂质过氧化，并且抑制作用呈剂量效应；紫薯花色苷对糖尿病大鼠的血脂有明显降低作用，并且能促进脂代谢的良性循环。Qin 研究发现花青素能降低人体的 LDL 并提高人体的 HDL，促进血清中胆固醇的清除，这些都得益于其抑制胆固醇转运蛋白。Distam 等用橙汁（含花青素）饲喂小鼠时发现，同时饲喂高脂饲料和橙汁饮料的小鼠体重不增加，并且只饮用橙汁和正常饲料小鼠体重增加，这些是与花青素能降低脂肪组织基因的表达有关。

（5）预防心血管疾病

黑米提取物中富含花青素，具有抗动脉粥样硬化作用，将该提取物作用于脂蛋白 E（apo E）基因缺陷的小鼠后，可以改善血脂状况，降低血清甘油三酯、总胆固醇和非高密度脂蛋白。这些结果表明，长期摄入黑米花青素可提高斑块在 *apo E* 基因缺陷小鼠中的稳定性，其相关机制主要与抑制致炎因子和改善血脂有关。

(6) 保护肝脏

紫薯饮料的生理功效试验结果显示，紫薯花色苷能明显降低病鼠血清中谷草转氨酶（glutamic-oxaloacetic transaminase，GOT）、谷丙转氨酶（glutamic-pyruvic transaminase，GPT），并且对血清、肝脏中的硫化巴比妥酸及氧化脂蛋白的增加均有一定的抑制能力。用紫薯花青素提取液（APSP）治疗糖尿病时，发现 APSP 治疗组中血清 GOT 和 GPT 的活性较模型组显著降低，且肝脏未见明显脂肪变性，肝糖原明显增加，结果显示 APSP 对肝功能和肝细胞膜结构有一定的保护作用。这些作用可能与花青素保护肝细胞膜结构，对葡萄糖苷酶有抑制作用有关。花青素还能抑制高糖诱导的肝 mt GPAT1 激活，并通过蛋白激酶 C 抑制脂肪合成。

(7) 提高记忆力

Andres 用从蓝莓中提取的花青素喂 19 月龄的大鼠，结果表明花青素能够穿过血脑屏障，存在于大脑的不同区域，并且对学习和记忆具有重要作用。有研究表明，蓝莓可以预防或减轻神经退行性疾病，防止老年痴呆。Junli 等提出紫薯花青素可能对治疗阿尔茨海默氏病、氧化诱导的神经性疾病提供可行的治疗方法。

12.3 西藏青稞花青素含量

12.3.1 花青素检测方法

青稞中含以矢车菊素、飞燕草色素、矢车菊素-3-*O*-葡萄糖苷、飞燕草色素-3-*O*-葡萄糖苷、氯化矢车菊素-3-*O*-芸香糖苷、飞燕草色素-3-*O*-芸香糖苷为主的 6 个花青素苷，含量测定方法采用超高效液相色谱串联四极质谱联用仪（型号：Waters ACQUITYUPLC \\ ACQUITYUPC2 \\ XEVOTQ-S），将花青素标准溶液和样品溶液依次放入进样系统，根据每种花青素不同组分在色谱柱保留时间和离子丰度比的不同定性，用二级离子的质量色谱图峰面积及待测样液中花青素响应值定量。

12.3.2 青稞品种、产地及来源

本研究经过 2021 年、2023 年，选取西藏自治区日喀则市、昌都市 2 个市的青稞主产县（区）4 个青稞品种，共计 21 份样品进行青稞花青素含量分析。其中日喀则市 12 份、昌都市 9 份样品；品种包括蓝青稞、黑青稞、察雅黑青稞、当地黑青稞。

12.3.3 各地市青稞花青素含量

西藏自治区不同地市青稞矢车菊素含量情况，见表 12-1。

表 12-1 各地市青稞矢车菊素含量 单位：mg/kg

地市	样品数量	均值	极小值	极大值
日喀则市	12 份	11.37±2.32	0.66	31.61
昌都市	9 份	7.80±1.71	5.62	11.00
合计	21 份	9.84±1.71	0.66	31.61

如表 12-1 所示，日喀则市的有色青稞品种矢车菊素含量范围为 0.66~31.61 mg/kg，平均含量为 11.37 mg/kg；昌都市有色青稞品种矢车菊素含量范围为 5.62~11.00 mg/kg，平均含量为 7.80 mg/kg。

西藏自治区不同地市的青稞飞燕草色素含量情况，见表 12-2。

表 12-2 各地市青稞飞燕草色素含量 单位：mg/kg

地市	样品数量	均值	极小值	极大值
日喀则市	12 份	14.31±3.83	2.91	35.28
昌都市	9 份	3.08±0.20	2.81	3.39
合计	21 份	9.50±1.85	2.81	35.28

如表 12-2 所示，日喀则市的有色青稞品种飞燕草色素含量范围为 2.91~35.28 mg/kg，平均含量为 14.31 mg/kg；昌都市有色青稞品种飞燕草色素含量范围为 2.81~3.39 mg/kg，平均含量为 3.08 mg/kg。

西藏自治区不同地市的青稞矢车菊素-3-*O*-葡萄糖苷含量情况，见表 12-3。

表 12-3　各地市青稞矢车菊素-3-*O*-葡萄糖苷含量　　单位：mg/kg

地市	样品数量	均值	极小值	极大值
日喀则市	12 份	23.26±4.95	1.00	78.91
昌都市	9 份	8.72±2.14	6.21	13.00
合计	21 份	17.03±4.30	1.00	78.91

如表 12-3 所示，日喀则市的有色青稞品种矢车菊素-3-*O*-葡萄糖苷含量范围为 1.00~78.91 mg/kg，平均含量为 23.26 mg/kg；昌都市有色青稞品种矢车菊素-3-*O*-葡萄糖苷含量范围为 6.21~13.00 mg/kg，平均含量为 8.72 mg/kg。

西藏自治区不同地市的青稞飞燕草色素-3-*O*-葡萄糖苷含量情况，见表 12-4。

表 12-4　各地市青稞飞燕草色素-3-*O*-葡萄糖苷含量　　单位：mg/kg

地市名称	样品数量	均值	极小值	极大值
日喀则市	12 份	97.81±7.03	11.50	288.89
昌都市	9 份	20.03±1.54	14.92	22.78
合计	21 份	64.47±4.66	11.50	288.89

如表 12-4 所示，日喀则市的有色青稞品种飞燕草色素-3-*O*-葡萄糖苷含量范围为 11.50~288.89 mg/kg，平均含量为 97.81 mg/kg；昌都市有色青稞品种飞燕草色素-3-*O*-葡萄糖苷含量范围为 14.92~22.78 mg/kg，平均含量为 20.03 mg/kg。

西藏自治区不同地市的青稞氯化矢车菊素-3-*O*-芸香糖苷含量情况，见表 12-5。

表 12-5　各地市青稞氯化矢车菊素-3-*O*-芸香糖苷含量　单位：mg/kg

地市名称	样品数量	均值	极小值	极大值
日喀则市	12 份	0.32±0.06	0.12	1.26
昌都市	9 份	0.16±0.08	0.10	0.27
合计	21 份	0.25±0.09	0.10	1.26

如表 12-5 所示，日喀则市的有色青稞品种氯化矢车菊素-3-*O*-芸香糖苷含量范围为 0.12~1.26 mg/kg，平均含量为 0.32 mg/kg；昌都市有色青稞品种氯化矢车菊素-3-*O*-芸香糖苷含量范围为 0.10~0.27 mg/kg，平均含量为 0.16 mg/kg。

西藏自治区不同地市的青稞飞燕草色素-3-*O*-芸香糖苷含量情况，见表 12-6。

表 12-6 各地市青稞飞燕草色素-3-*O*-芸香糖苷含量 单位：mg/kg

地市名称	样品数量	均值	极小值	极大值
日喀则市	12 份	0.37±0.09	0.16	0.70
昌都市	9 份	0.20±0.02	0.18	0.23
合计	21 份	0.30±0.10	0.16	0.70

如表 12-6 所示，日喀则市的有色青稞品种飞燕草色素-3-*O*-芸香糖苷含量范围为 0.16~0.70 mg/kg，平均含量为 0.37 mg/kg；昌都市有色青稞品种飞燕草色素-3-*O*-芸香糖苷含量范围为 0.18~0.23 mg/kg，平均含量为 0.20 mg/kg。

12.3.4 不同品种青稞花青素含量

西藏 21 份不同品种青稞矢车菊素含量情况，见表 12-7。

表 12-7 不同品种青稞矢车菊素含量 单位：mg/kg

品种	样品数量	均值	极小值	极大值
蓝青稞	6 份	0.86±0.28	0.66	1.43
黑青稞	6 份	21.88±4.30	14.09	31.61
察雅黑青稞	6 份	6.77±0.65	5.62	7.37
当地黑青稞	3 份	9.84±1.10	8.80	11.00

如表 12-7 所示，西藏主要有色青稞品种矢车菊色素含量由高到低顺序为：黑青稞（21.88 mg/kg）>当地黑青稞（9.84 mg/kg）>察雅黑青稞（6.77 mg/kg）>蓝青稞（0.86 mg/kg）。

西藏 21 份不同品种青稞飞燕草色素含量情况，见表 12-8。

表 12-8　不同品种青稞飞燕草色素含量　单位：mg/kg

品种	样品数量	均值	极小值	极大值
蓝青稞	6 份	22. 84±3. 68	11. 35	35. 28
黑青稞	6 份	5. 78±1. 86	2. 91	8. 99
察雅黑青稞	6 份	3. 17±0. 18	2. 94	3. 39
当地黑青稞	3 份	2. 91±0. 10	2. 81	3. 00

如表 12-8 所示，西藏主要有色青稞品种飞燕草色素含量由高到低顺序为：蓝青稞（22. 84 mg/kg）>黑青稞（5. 78 mg/kg）>察雅黑青稞（3. 17 mg/kg）>当地黑青稞（2. 91 mg/kg）。

西藏 21 份不同品种青稞矢车菊素-3-*O*-葡萄糖苷含量情况，见表 12-9。

表 12-9　不同品种青稞矢车菊素-3-*O*-葡萄糖苷含量　单位：mg/kg

品种	样品数量	均值	极小值	极大值
蓝青稞	6 份	1. 41±0. 30	1. 00	1. 71
黑青稞	6 份	45. 11±4. 50	13. 21	78. 91
察雅黑青稞	6 份	7. 43±0. 66	6. 21	8. 11
当地黑青稞	3 份	11. 31±1. 47	10. 40	13. 00

如表 12-9 所示，西藏主要有色青稞品种矢车菊素-3-*O*-葡萄糖苷含量由高到低顺序为：黑青稞（45. 11 mg/kg）>当地黑青稞（11. 31 mg/kg）>察雅黑青稞（7. 43 mg/kg）>蓝青稞（1. 41 mg/kg）。

西藏 21 份不同品种青稞飞燕草色素-3-*O*-葡萄糖苷含量情况，见表 12-10。

表 12-10　不同品种青稞飞燕草色素-3-*O*-葡萄糖苷含量　单位：mg/kg

品种	样品数量	均值	极小值	极大值
蓝青稞	6 份	163. 94±15. 92	82. 60	288. 89
黑青稞	6 份	31. 67±2. 07	11. 50	52. 34
察雅黑青稞	6 份	21. 51±0. 83	20. 54	22. 78
当地黑青稞	3 份	17. 06±2. 08	14. 92	19. 08

如表12-10所示，西藏主要有色青稞品种飞燕草色素-3-*O*-葡萄糖苷含量由高到低顺序为：蓝青稞（163.94 mg/kg）>黑青稞（31.67 mg/kg）>察雅黑青稞（21.51 mg/kg）>当地青稞（17.06 mg/kg）。

西藏21份不同品种青稞氯化矢车菊素-3-*O*-芸香糖苷含量情况，见表12-11。

表12-11 不同品种青稞氯化矢车菊素-3-*O*-芸香糖苷含量单位：mg/kg

品种	样品数量	均值	极小值	极大值
蓝青稞	6份	0.44±0.12	0.12	1.26
黑青稞	6份	0.20±0.07	0.13	0.28
察雅黑青稞	6份	0.18±0.05	0.10	0.27
当地黑青稞	3份	0.11±0.01	0.10	0.12

如表12-11所示，西藏主要有色青稞品种氯化矢车菊素-3-*O*-芸香糖苷含量由高到低顺序为：蓝青稞（0.44 mg/kg）>黑青稞（0.20 mg/kg）>察雅黑青稞（0.18 mg/kg）>当地黑青稞（0.11 mg/kg）。

西藏21份不同品种青稞飞燕草色素-3-*O*-芸香糖苷含量情况，见表12-12。

表12-12 不同品种青稞飞燕草色素-3-*O*-芸香糖苷含量 单位：mg/kg

品种	样品数量	均值	极小值	极大值
蓝青稞	6份	0.51±0.15	0.28	0.70
黑青稞	6份	0.23±0.07	0.16	0.31
察雅黑青稞	6份	0.19±0.00	0.18	0.19
当地黑青稞	3份	0.21±0.02	0.20	0.23

如表12-12所示，西藏主要有色青稞品种飞燕草色素-3-*O*-芸香糖苷含量由高到低顺序为：蓝青稞（0.51 mg/kg）>黑青稞（0.23 mg/kg）>当地黑青稞（0.21 mg/kg）>察雅青稞（0.19 mg/kg）。但因目前只局限于含量的多少来定论不足以说明，后期需结合产地环境、海拔高度以及保存方式等因素进一步分析。

参考文献

蔡花真，王霞，2009. 紫甘薯花色苷组分抑制小鼠肝、肾、心、脾脂质过氧化的研究［J］. 食品工业（4）：6-8.

高爱霞，罗巨东，吴庆婷，等，2008. 花青素对肺癌细胞 NCI-H460 的体内外抗肿瘤效应［J］. 实验动物与比较医学，28（2）：85-89.

马淑青，吕晓玲，范辉，2010. 紫甘薯花色苷对糖尿病大鼠血糖和血脂的影响［J］. 营养学报，32（1）：88-90.

资名扬，王琴，温其标，2009. 紫甘薯花色苷光谱特性及抗氧化性的研究［J］. 现代食品科技，25（1）：1279-1281.

KRIKORIAN R，SHIDLER M D，NASH T A，et al.，2010. Blueberry supplementation improves memory in older adults［J］. Journal Agricultural Food Chemistry，58（7）：3996-4000.

NICOLE B E，CHINNB M S，TRUONGC V D，2010. Extraction of anthocyanins from industrial purplefleshed sweet potatoes and enzymatic hydrolysis of residues for fermentable sugars［J］. Industrial Crops and Products（32）：613-620.

QIN Y，XIA M，MA J，et al.，2009. Anthocyanin supplementation improves serum LDL-and HDL-cholesterol concentrations associated with the inhibition of cholesteryl ester transfer protein in dyslipidemic subjects［J］. American Society for Nutrition（90）：485-492.

WANG L S，HECHT S S，CARMELLA S G，et al.，2009. Anthocyanins in black raspberries prevent esophageal tumors in rats［J］. Cancer Prevention Research（2）：84-93.

YE J L，MENG X J，YAN C L，et al.，2010. Effect of purple sweet potato anthocy-anins on b-amyloid-mediated PC-12 cells death by inhibition of oxidative stress［J］. Neurochem Research（35）：357-365.

13 青稞酚酸类物质

13.1 酚酸类化合物

酚酸类化合物（phenolic acid）是指一类分子中具有羧基和羟基的芳香族化合物。天然存在于谷物的多酚类化合物主要是酚酸和黄酮类，它们以游离和结合态两种形式存在。自由酚酸存在于谷物的外皮层，而结合酚酸则以酯键结合于细胞壁上，目前溶剂萃取方法大多用于游离酚的分离提取，而碱解（NaOH/KOH 等）、酸解（HCl/H_2SO_4 等）及酶解（胃蛋白酶、胰酶等）的方法大多用于结合酚的提取分离。1847 年从绿茶中分出没食子酸；1937 年从绿茶中分离出对香豆酸，随后又检出鞣花酸；1951—1955 年从阿萨姆茶中检出咖啡酸、间双没食子酸、绿原酸、异绿原酸、对香豆酸和茶没食子素等。

13.2 酚酸类化合物的主要功效

酚酸类化合物作为一类广泛存在于食品中的小分子生物活性物质，具有显著的抗氧化活性和清除自由基的能力，在减轻心肌梗死方面也有重要作用。同时多项研究表明，具有高酚酸含量和高抗氧化活性的大麦提取物在一定水平作用下对结肠癌细胞产生一定的抑制作用。酚酸不仅可以调节人体肠道菌群的组成和功能，促进健康，同时人体的肠道菌群也可以增加酚酸的膳食来源，提高其生物利用度。酚酸类物质多数具有良好的营养效果，可作为抗氧化剂防止自由基氧化反应引起的细胞损伤，且很容易通过肠壁被人体吸收，同时酚酸在预防多种慢性疾病、心血管疾病、治疗肥胖以及增强内皮功能、改善细胞信号传导、保护肠道功能等方面有着重要作用。

酚酸类物质在人体健康和食品工业中扮演着多重重要角色，具体包括以下 4 个方面。

①抗氧化作用。多酚类物质具有强大的抗氧化能力，能有效清除体内的自由基，减少氧化应激，从而保护细胞免受损伤，延缓衰老过程。研究发现大麦中的活性物质的抗氧化活性和抑制脂氧合酶能力大小依次为黄酮>酚酸>生育酚，大麦中存在的这种高抗氧化活性的酚酸类物质使其具备预防糖尿病和肥胖症的功能。

②抗炎作用。多酚类物质具有显著的抗炎效果，可以帮助减轻炎症，缓解疼痛，并有助于治疗某些炎症性疾病。例如，绿茶中的表没食子儿茶素-3-没食子酸酯（EGCG）显示出显著的抗炎活性，可能对治疗类风湿性关节炎有效。

③改善心血管健康。多酚类物质能够降低低密度脂蛋白胆固醇的氧化，减少心血管压力，并有助于增加血管舒张，促进血液循环。

④维持血糖稳定。多酚类物质被发现能够降低体内炎症、降低胰岛素抵抗，并稳定血糖和脂肪代谢，从而有助于糖尿病的管理。

13.3 西藏青稞酚酸类化合物含量

多酚是青稞中一类重要次级代谢产物，主要以游离态黄酮和结合态酚酸的形式存在于麸皮、麦芽和胚乳中。青稞中酚类化合物包括酚酸和黄酮物质提取物中原儿茶酸、绿原酸、（+）-儿茶酸、咖啡酸、对香豆酸和阿魏酸。青稞中以游离态和结合态形式存在的酚类化合物能在人体消化道中的不同位置释放。青稞多酚提取物平均含量为（2.45±0.72）mg/g，其酚类化合物通过疏水键、氢键与大分子复合，或与金属离子络合，从而产生较强的自由基清除活力，具备较强的抗氧化能力。以青稞多酚提取物为主要原料制作的低糖保健饮料，颇受需抗衰老的一类人群的青睐。研究发现，青稞膳食纤维经体外结肠发酵后，其中的酚类化合物会被逐渐释放出来，导致多酚含量升高，抗氧化活性增强，说明青稞多酚除具有体外抗氧化活性外，还具有体内抗氧化活性。

13.3.1 酚酸类化合物检测方法

酚酸类化合物的测定分析，现在广泛采用高效液相色谱法（HPLC）、气相色谱法（GC）、毛细管电泳法（CE）。其中高效液相色谱法（HPLC）是最常用的。在 HPLC 方法中，采用不同的色谱柱、流动相、柱温和流速对酚酸类化合物进行检测。水、甲醇和乙腈是流动相中最常见的成分。由于气相色谱法需要高温处理，而样品在高温下容易分解，所以气相色谱不常用于酚酸类化合物检测。但气相色谱可以用于检测 600 道尔顿以下的小分子酚酸类化合物。气质联用（GC-MS）常用于植物样品中酚酸类化合物分析。与 LC-MS 比较而言，GC-MS 具有更高的选择性、精密度及准确度，尤其在分析少量组分的时候。毛细管电泳法（CE）可以分离并检测离子型和非离子型化合物、极性和非极性化合物，具有电解液体积小、分析时间短、分辨率高、样品量少等优点。为了得到更高的分辨率，需要优化缓冲液、pH 值、浓度、毛细管类型、电泳温度、电压以及进样方式等参数。

13.3.2 青稞品种、产地及来源

由于现阶段青稞中酚酸类物质含量测定的文献及相关研究数据较少，研究团队收集整理了产自西藏以及青海不同品种青稞酚酸含量的相关数据，以供读者参考研究。

13.3.3 西藏、青海青稞酚酸类化合物含量

酚酸是青稞中一类重要次级代谢产物，研究表明青稞中的酚酸类物质多以结合态形式存在，且主要（约 95%）与细胞壁多糖连接而成，生物可利用度较低，在实际应用中难以发挥其价值。研究表明通过外界手段刺激植物的生长代谢能够有效实现多酚等活性物质的富集并提高其生物利用率。因此，通过干预谷物代谢途径的手段诱导青稞中酚类物质的富集，对青稞及其酚类物质的开发利用具有指导意义。

青稞在青藏高原地市高寒、高辐照等地理环境中生长，严酷环境的胁迫可能会诱导青稞产生以适应于周围环境的成分与结构，因此青稞或将拥有比一般环境中生长的大麦或其他谷物更丰富的酚酸类化合物。青海、西藏不同品种青稞游离型酚酸含量见表 13-1、表 13-2、表 13-3，比较发现

有色青稞的酚酸类化合物含量均高于白青稞，产自青海的不同颜色的青稞组中没食子酸、苯甲酸、丁香酸、p-香豆酸含量显著高于其他酚酸的含量；产自西藏的不同品种白青稞中丁香酸、阿魏酸含量显著高于其他酚酸含量。

表 13-1　西藏不同品种青稞酚酸类化合物含量　　单位：μg/g

品种	表儿茶素	芸香素	原儿茶醛	羟基苯甲酸	阿魏酸	绿原酸	丁香酸	儿茶酚	香草醛	对香豆素	龙胆酸
藏青 320	1.09	3.76	0.21	0.63	19.87	1.44	8.13	3.12	2.31	0.84	0.22
藏青 17	1.09	3.86	0.09	0.61	25.49	1.56	6.21	3.18	2.13	0.83	0.23
藏青 16	1.32	3.62	0.72	0.34	23.78	1.97	6.31	3.56	3.32	0.82	0.32
藏青 2000	1.65	3.96	0.13	0.56	29.67	1.82	7.35	4.53	4.23	0.91	0.26
藏青 25	1.76	3.87	0.22	0.76	28.32	1.88	8.19	2.12	1.26	0.76	0.29
藏青 19	1.88	3.97	0.23	0.62	29.43	2.01	8.98	2.23	1.78	0.88	0.31
藏青 148	1.99	3.65	0.41	0.73	27.85	2.03	5.67	2.31	2.98	0.65	0.18
喜马拉 19	1.67	3.43	0.35	0.78	29.32	2.04	6.12	2.51	3.14	0.98	0.22
喜马拉 22	1.98	3.12	0.56	0.56	18.32	2.06	6.15	2.41	2.06	0.76	0.32

品种	槲皮素	山柰酚	香蓝素	咖啡酸	芥子酸	没食子酸	对羟基苯甲醛	表没食子儿茶素	芹菜素	白藜芦醇
藏青 320	0.09	0.87	0.12	3.31	0.25	6.50	0.17	5.32	0.05	0.25
藏青 17	0.00	0.88	0.13	3.46	0.12	6.75	0.13	6.32	0.06	0.23
藏青 16	0.03	0.86	0.14	3.78	0.34	6.88	0.15	6.53	0.04	0.21
藏青 2000	0.06	0.68	0.16	3.98	0.05	8.76	0.17	7.65	0.07	0.26
藏青 25	0.00	0.82	0.16	4.12	0.36	8.66	0.12	6.32	0.08	0.28
藏青 19	0.08	0.85	0.19	3.86	0.64	6.21	0.23	6.31	0.09	0.31
藏青 148	0.06	0.87	0.21	3.52	0.65	6.52	0.15	6.21	0.12	0.32
喜马拉 19	0.03	0.88	0.13	3.12	0.28	6.12	0.21	5.38	0.06	0.22
喜马拉 22	0.05	0.98	0.16	3.83	0.09	6.15	0.12	5.19	0.05	0.24

注：该数据来源于中国农业科学院农业质量标准与检测技术研究所佘永新研究员团队。

表 13-2 青海昆仑 20 号（黑色）青稞酚酸类化合物含量 单位：μg/g

品种	没食子酸	尿黑酸	丁香酸	绿原酸	香草酸	邻羟基苯乙酸	水杨酸
昆仑 20 号（黑色）	11.30±0.80	31.60±1.00	16.80±1.20	2.80±0.30	125.10±4.10	3.20±1.10	6.90±0.80
品种	咖啡酸	阿魏酸	原儿茶酸	对羟基苯甲酸	对香豆素	藜芦酸	苯甲酸
昆仑 20 号（黑色）	39.60±0.60	204.60±3.40	24.00±0.60	28.70±1.40	57.60±3.90	4.90±2.10	78.45±16.80

表 13-3 青海不同品种青稞酚酸类化合物含量 单位：μg/g

品种	没食子酸	原儿茶酸	绿原酸	2,4-二羟基苯甲酸	香草酸	丁香酸
13YN-5（紫色）	0	109.30±0.35	17.26±0.02	0	10.29±0.5	4.45±0.08
946（黑色）	17.95±0.20	14.28±0.05	44.34±0.07	5.73±0.06	6.17±0.08	0
瓦蓝（蓝色）	0	39.91±0.04	31.28±0.26	0	7.44±0.06	0
昆仑 15 号（白色）	0	18.31±0.03	40.85±0.06	0	0	0
品种	*p*-香豆酸	阿魏酸	水杨酸	苯甲酸	邻香豆酸	藜芦酸
13YN-5（紫色）	5.45±0.06	9.67±0.4	8.51±0.36	124.7±0.5	0.00	23.27±0.19
946（黑色）	5.58±0.11	0	4.70±0.01	9.01±0.10	10.22±0.07	9.65±0.12
瓦蓝（蓝色）	13.72±0.10	8.10±0.03	8.37±0.07	0	0	10.21±0.16
昆仑 15 号（白色）	0	0	7.73±0.06	0	0	17.98±0.04

参考文献

龚凌霄，2013. 青稞全谷物及其防治代谢综合征的作用研究［D］. 杭州：浙江大学.

李杨昕，2007. 玫瑰香葡萄酚类物质动态变化及抗氧化活性［D］. 泰安：山东农业大学.

孙建霞，2005. 苹果多酚的提取分离及其主要功能活性研究［D］. 泰安：山东农业大学.

魏云潇，余作龙，韩超，等，2020. 果蔬酚酸的研究及在保鲜中应用进展［J］. 安徽农业科学，48（7）：22-26.

谢佳函，刘回民，刘美宏，等，2017. 杂粮多酚功能活性研究进展［J］. 食品工业科技，38（14）：326-329，335.

邢少青，2009. 荷叶中多酚类化合物的提取、分离工艺及其指纹图谱的研究［D］. 武汉：武汉理工大学.

杨涛，闵康，曾亚文，等，2015. 青稞和普通大麦全谷物功能成分差异分析［J］. 西南农业学报（6）：2360-2362.

郑菲，2011. 橡实壳多酚分离纯化、抗氧化及抑菌的研究［D］. 长沙：中南林业科技大学.

BOZ H，2015. Ferulic acid in cereals-a review［J］. Czech Journal of Food Sciences，1：1-7.

BRAVO L，1998. Polyphenols：chemistry，dietary sources，metabolism，and nutritional significance［J］. Nutrition Review，56（11）：317-333.

BUTT M S，SULTAN M T，2011. Coffee and its consumption：benefits and risks［J］. Critical Reviews in Food Science and Nutrition，51（4）：363-373.

DING J Z，HOU G，NEMZER B V，et al.，2018. Effects of controlled germination on selected physicochemical and functional properties of whole-wheat flour and enhanced γ-aminobutyric acid accumulation by ultrasonication［J］. Food Chemistry，243：214-221.

HARBOURNE J B，1989. Plant Phenolics［M］//Methods in Plant Biochemistry. London：Academic Press：48.

KUMAR N，GOEL N，2019. Phenolic acids：natural versatile molecules with promising therapeutic applications［J］. Biotechnology Reports，24：e00370.

LI J X，ZHANG H，YANG X J，et al.，2022. Trapping of reactive carbonyl species by fiber-bound polyphenols from whole grains under simulated physiological conditions［J］. Food Research International，

156：111142.

MALAGUARNERA L，2019. Influence of resveratrol on the immune response. Nutrients，11（5）：946.

NACZK M，SHAHIDI F，2004. Extraction and analysis of phenolics in food［J］. Journal of Chromatography A，1054：95–111.

WINKEL－SHIRLEY B，2002. Biosynthesis of flavonoids and effects of stress［J］. Current Opinion in Plant Biology，5（3）：218–223.

14 青稞 γ-氨基丁酸

14.1 γ-氨基丁酸

γ-氨基丁酸（gamma-amino butyric acid，GABA），又名酪氨酸、4-氨基丁酸，化学式是 $C_4H_9NO_2$，相对分子质量为 103.1，是一种非蛋白、功能性氨基酸，通常由禾本科作物中谷氨酸脱羧酶将 *L*-谷氨酸脱羧而成，分子结构式见图 14-1。γ-氨基丁酸呈白色结晶体粉末状，没有旋光性。熔点 195~204 ℃，与水混溶，微溶于乙醇、丙酮，不溶于苯、乙醚，分解时会失水生成吡咯烷酮。

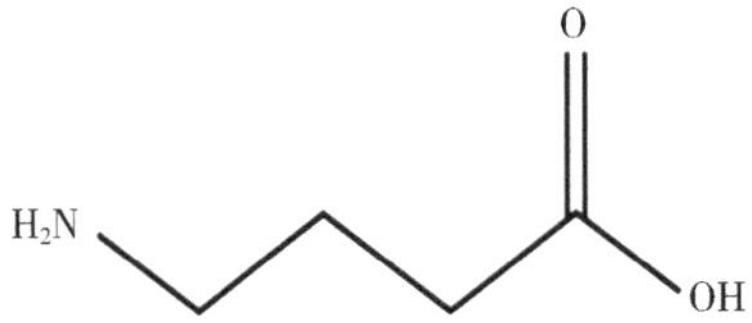

图 14-1 γ-氨基丁酸分子结构式

γ-氨基丁酸是一种氨基酸，在脊椎动物、植物和微生物中广泛存在。γ-氨基丁酸是一种重要的中枢神经系统抑制性神经递质，拥有良好的水溶性与热稳定性。现已证实，作为小分子量非蛋白质氨基酸的 γ-氨基丁酸具备食用安全性，并可用于饮料等食品的生产。据报道，摄入一定量的 γ-氨基丁酸具备改善机体睡眠质量、降血压等生理功效。

14.2 γ-氨基丁酸的主要功效

γ-氨基丁酸作为广泛存在于多种植物的活性成分，是脊椎动物交感神经细胞结合点重要的抑制性神经递质，在降血压、增强免疫力、改善大脑功能、延缓智力退化方面可发挥有效作用。γ-氨基丁酸在溶液中常以两性离子（带负电荷的羧基和带正电荷的氨基）形式存在，由于正负电荷基团间的静电相互作用，γ-氨基丁酸在溶液中能够兼具气态（折叠态）和固态（伸展态）时的分子构象，而γ-氨基丁酸在溶液中多分子构象共存的形式，使其能够结合多种受体蛋白并发挥多种重要生理功能，主要有以下几个方面。

①可抗焦虑、抗抑郁、缓解压力、调节情绪、缓解精神紧张、促使神经安定。γ-氨基丁酸能够组合与焦虑相关的信息，达到大脑的中枢，对人的自律神经具有调节作用，提高和发挥个人的表现力。

②具有改善睡眠、帮助促进睡眠的作用。足量的γ-氨基丁酸使人进入深度的睡眠状态，对容易胡思乱想、大脑停不下来的情况有调节作用，可使大脑冷静下来，是天然的大脑镇静剂。

③提高脑活力、促进脑血流、提高葡萄糖磷酸酯酶活性，增加乙酰胆碱生成，扩张血管增加血流量，增加氧供给，促进大脑的新陈代谢。

④降脂减肥。有研究发现，γ-氨基丁酸能影响胃肠道激素的分泌，调节甲状腺激素与胰岛素，作用于动物的食欲神经肽来调节食欲，达到降低体重的目的。有学者通过高脂饮食建立肥胖大鼠试验模型，采用富含γ-氨基丁酸的麦麸预防肥胖，数日后发现大鼠血清中胰岛素水平、总胆固醇和总甘油三酯含量降低，达到降脂减肥的功效。

⑤促进胰岛素分泌。糖尿病是一种高血糖症状的代谢性疾病，包括1型和2型（T1D和T2D），在T1D中，β细胞被免疫机制破坏。在T2D中，代谢因素会导致β细胞衰竭和随后的细胞凋亡，胰岛炎症也在β细胞质量的损失中起重要作用。研究表明，γ-氨基丁酸与糖尿病的形成和发展有着密切的联系，γ-氨基丁酸改善了临床前模型中糖尿病的表现，表明其在糖尿病患者治疗中的潜在应用。

⑥保护肝脏。γ-氨基丁酸通过A或B受体在各种类型的细胞中产生信号，γ-氨基丁酸-A介导的自身和旁分泌γ-氨基丁酸能信号传导发生在啮齿动物肝细胞和胆管细胞中，保护肝脏免受毒性损伤。肝脏γ-氨基丁酸信号系统在急性乙醇暴露性肝损伤中具有保护肝脏免受毒性损伤的作用，与对照组相比，乙醇处理的小鼠中γ-氨基丁酸合成酶谷氨酸脱羧酶和γ-氨基丁酸受体亚基的表达上调。γ-氨基丁酸-A受体介导的信号通

过至少部分抑制乙醇诱导的内质网应激反应过程中肝细胞中的 IRE1α-ASK1-JNK 促凋亡途径来保护肝脏免受乙醇损伤。γ-氨基丁酸在体内能够降低碱性磷酸酶和转氨酶活性，使血氨降低，表明 γ-氨基丁酸通过增加氨对谷氨酰胺的解毒作用来预防急性高氨血症，解除氨毒，增强肝脏功能。

⑦促进生殖。γ-氨基丁酸信号调节卵泡发育过程中雌、孕激素的分泌，从而影响卵泡发育和成熟，同时 γ-氨基丁酸通过与不同类型的受体结合参与胚胎植入和胎盘发生过程。γ-氨基丁酸可能对蜕膜细胞和滋养层细胞的增殖进行调节从而参与小鼠胎盘的形成过程。γ-氨基丁酸通过下丘脑、垂体、性腺系统影响垂体和性腺的生理机能，在调节雌性动物生殖内分泌、卵母细胞发育以及初情期启动等过程中起重要作用，γ-氨基丁酸在生殖活动中的作用的潜在价值有待进一步研究。

14.3 西藏青稞 γ-氨基丁酸含量

14.3.1 γ-氨基丁酸检测方法

目前针对 γ-氨基丁酸的测定方法主要有滴定法、分光光度法、高效液相色谱法、高效液相色谱-串联质谱法等。针对青稞样本中 γ-氨基丁酸含量，采用超高效液相色谱串联四极质谱联用仪（型号：Waters ACQUITYUPLC \\ ACQUITYUPC2 \\ XEVOTQ-S）分析。青稞中的 γ-氨基丁酸根据其不同组分在色谱柱的保留时间不同，在乙腈-0.1%甲酸水等度条件下进行梯度洗脱，能够较好分离，而青稞中 γ-氨基丁酸通过进样系统进入离子源，由于其结构性质不同被电离为不同质荷比的碎片离子，并根据特定质荷比筛选目标物，实现 γ-氨基丁酸定性定量分析。

14.3.2 青稞品种、产地及来源

本研究经过 2021 年、2023 年，选取西藏自治区拉萨市、日喀则市、山南市、林芝市、昌都市 5 市青稞主产县（市、区）13 个青稞品种，共计 348 份样品进行青稞 γ-氨基丁酸含量分析。其中，拉萨市 73 份、日喀则市 99 份、山南市 71 份、林芝市 42 份、昌都市 63 份；品种包括藏青

2000、喜马拉22、冬青18、蓝青稞、黑青稞、藏青3000、察雅黑青稞、藏青320、藏青17、喜马拉19、喜马拉23、山青9号、康青。

14.3.3 各地市青稞γ-氨基丁酸含量

西藏自治区拉萨市、日喀则市、山南市、林芝市、昌都市5个地市348份青稞γ-氨基丁酸含量范围为3.3~83.9 mg/100 g，平均含量为26.1 mg/100 g。详见表14-1。

表14-1 各地市青稞γ-氨基丁酸含量 单位：mg/100 g

地市	样品数量	均值	极小值	极大值
拉萨市	73份	24.8±2.9	7.1	59.8
日喀则市	99份	24.9±2.2	6.9	53.9
山南市	71份	31.3±2.6	4.8	80.8
林芝市	42份	28.2±2.2	3.3	83.9
昌都市	63份	22.8±2.8	5.6	82.9
合计	348份	26.1±3.9	3.3	83.9

如表14-1所示，比较西藏不同产区青稞γ-氨基丁酸含量，产自拉萨市的青稞γ-氨基丁酸含量范围为7.1~59.8 mg/100 g，平均含量为24.8 mg/100 g；产自日喀则市的青稞γ-氨基丁酸含量范围为6.9~53.9 mg/100 g，平均含量为24.9 mg/100 g；产自山南市的青稞γ-氨基丁酸含量范围为4.8~80.8 mg/100 g，平均含量为31.3 mg/100 g；产自林芝市的青稞γ-氨基丁酸含量范围为3.3~83.9 mg/100 g，平均含量为28.2 mg/100 g；产自昌都市的青稞γ-氨基丁酸含量范围为5.6~82.9 mg/100 g，平均含量为22.8 mg/100 g。各地市青稞γ-氨基丁酸平均含量由高到低顺序为：山南市（31.3 mg/100 g）>林芝市（28.2 mg/100 g）>日喀则市（24.9 mg/100 g>拉萨市（24.8 mg/100 g）>昌都市（22.8 mg/100 g））。

14.3.4 各地市所辖县（市、区）青稞γ-氨基丁酸含量

拉萨市达孜区、林周县、曲水县及墨竹工卡县4个县（区）73份青稞γ-氨基丁酸含量情况，见表14-2。

表 14-2　拉萨市各县（区）青稞 γ-氨基丁酸含量　单位：mg/100 g

县（区）	样品数量	均值	极小值	极大值
达孜区	16 份	24. 7±2. 8	11. 7	44. 9
林周县	22 份	17. 5±2. 5	8. 2	37. 2
曲水县	7 份	24. 3±2. 7	7. 1	43. 9
墨竹工卡县	28 份	30. 4±3. 8	14. 2	59. 8
合计	73 份	24. 8±2. 9	7. 1	59. 8

如表 14-2 所示，拉萨市各县（区）青稞 γ-氨基丁酸含量由高到低顺序为：墨竹工卡县（30. 4 mg/100 g）>达孜区（24. 7 mg/100 g）>曲水县（24. 3 mg/100 g）>林周县（17. 5 mg/100 g）。

日喀则市桑珠孜区、江孜县、白朗县及康马县 4 个县（区）99 份青稞 γ-氨基丁酸含量情况，见表 14-3。

表 14-3　日喀则市各县（区）青稞 γ-氨基丁酸含量　单位：mg/100 g

县（区）	样品数量	均值	极小值	极大值
桑珠孜区	12 份	25. 3±2. 9	6. 9	45. 4
江孜县	38 份	20. 7±2. 3	8. 8	40. 5
白朗县	30 份	31. 4±3. 9	9. 9	53. 9
康马县	19 份	21. 5±2. 4	12. 0	33. 9
合计	99 份	24. 9±2. 2	6. 9	53. 9

如表 14-3 所示，日喀则市各县（区）青稞 γ-氨基丁酸含量由高到低顺序为：白朗县（31. 4 mg/100 g）>桑珠孜区（25. 3 mg/100 g）>康马县（21. 5 mg/100 g）>江孜县（20. 7 mg/100 g）。

山南市乃东区、扎囊县、贡嘎县、桑日县和隆子县 5 个县（区）71 份青稞 γ-氨基丁酸含量情况，见表 14-4。

表 14-4　山南市各县（区）青稞 γ-氨基丁酸含量　单位：mg/100 g

县（区）名称	样品数量	均值	极小值	极大值
乃东区	6 份	33. 2±3. 9	13. 6	52. 9
扎囊县	14 份	32. 9±3. 2	18. 6	70. 4

(续表)

县（区）名称	样品数量	均值	极小值	极大值
贡嘎县	34 份	31.7±3.0	9.0	80.8
桑日县	11 份	25.0±2.7	4.8	37.1
隆子县	6 份	34.8±3.5	24.6	41.4
合计	71 份	31.3±2.6	4.8	80.8

如表 14-4 所示，山南市各县（区）青稞 γ-氨基丁酸含量由高到低顺序为：隆子县（34.8 mg/100 g）>乃东区（33.2 mg/100 g）>扎囊县（32.9 mg/100 g）>贡嘎县（31.7 mg/100 g）>桑日县（25.0 mg/100 g）。

林芝市巴宜区、工布江达县、米林县（米林市）、朗县 4 个县（市、区）42 份青稞 γ-氨基丁酸含量情况，见表 14-5。

表 14-5　林芝市各县（市、区）青稞 γ-氨基丁酸含量

单位：mg/100 g

县（市、区）	样品数量	均值	极小值	极大值
巴宜区	12 份	28.1±2.5	8.9	78.1
工布江达县	4 份	55.5±5.3	34.7	80.2
米林县（米林市）	11 份	27.7±2.3	3.3	83.9
朗县	15 份	21.5±1.8	6.2	57.9
合计	42 份	28.2±2.2	3.3	83.9

如表 14-5 所示，林芝市各县（市、区）青稞 γ-氨基丁酸含量由高到低顺序为：工布江达县（55.5 mg/100 g）>巴宜区（28.1 mg/100 g）>米林县（米林市）（27.7 mg/100 g）>朗县（21.5 mg/100 g）。

昌都市卡若区、左贡县、察雅县、芒康县、洛隆县、边坝县 6 个县（区）63 份青稞 γ-氨基丁酸含量情况，见表 14-6。

表 14-6　昌都市各县（区）青稞 γ-氨基丁酸含量 单位：mg/100 g

县（区）	样品数量	均值	极小值	极大值
卡若区	6 份	43.3±3.8	20.3	82.9

（续表）

县（区）	样品数量	均值	极小值	极大值
左贡县	23份	24.8±2.7	11.3	37.0
察雅县	12份	23.2±2.5	19.9	27.9
芒康县	6份	20.0±1.7	10.5	38.6
洛隆县	13份	12.0±1.2	5.6	20.1
边坝县	3份	17.2±1.6	12.4	24.7
合计	63份	22.8±2.8	5.6	82.9

如表14-6所示，昌都市各县（区）青稞γ-氨基丁酸含量由高到低顺序为：卡若区（43.3 mg/100 g）>左贡县（24.8 mg/100 g）>察雅县（23.2 mg/100 g）>芒康县（20.0 mg/100 g）>边坝县（17.2 mg/100 g）>洛隆县（12.0 mg/100 g）。

总体上，西藏自治区5个地市主要青稞产地30个品种的348个样品的γ-氨基丁酸含量范围为3.3~83.9 mg/100 g，西藏自治区5个地市主要青稞品种，青稞γ-氨基丁酸平均含量由高到低顺序为：山南市（31.3 mg/100 g）>林芝市（28.2 mg/100 g）>拉萨市（24.7 mg/100 g）>昌都市（22.8 mg/100 g）>日喀则市（11.6 mg/100 g），山南市、林芝市产地青稞品种γ-氨基丁酸平均含量明显高于其他地市，山南市、林芝市平均海拔高度为3 100 m左右，其青稞中γ-氨基丁酸含量相对较高，说明了青稞γ-氨基丁酸物质在较低海拔含量相对较高。

14.3.5 不同品种青稞γ-氨基丁酸含量

西藏不同品种319份青稞γ-氨基丁酸含量情况，见表14-7。

表14-7 不同品种青稞γ-氨基丁酸含量 单位：mg/100 g

品种	样品数量	均值	极小值	极大值
藏青2000	89份	24.1±1.5	6.9	80.2
喜马拉22	66份	28.8±2.7	7.1	78.1
冬青18	34份	19.4±1.6	3.3	57.9
蓝青稞	30份	24.3±2.2	10.1	76.9

（续表）

品种	样品数量	均值	极小值	极大值
黑青稞	27 份	27.4±3.0	9.7	70.4
藏青 3000	23 份	30.7±3.1	8.2	80.8
察雅黑青稞	13 份	23.0±2.6	19.9	27.9
藏青 320	13 份	18.6±1.8	9.7	25.7
藏青 17	7 份	48.2±2.9	24.2	53.9
喜马拉 19	5 份	14.7±1.1	9.9	20.5
喜马拉 23	5 份	39.3±3.8	16.4	45.4
山青 9 号	4 份	24.5±2.3	18.6	31.2
康青	3 份	21.4±1.6	16.2	24.8
合计	319 份	25.9±2.9	3.3	80.8

如表 14-7 所示，分析不同品种青稞 γ-氨基丁酸含量得出，藏青 17（48.2 mg/100 g）>喜马拉 23（39.3 mg/100 g）>藏青 3000（30.7 mg/100 g）>喜马拉 22（28.8 mg/100 g）>黑青稞（27.4 mg/100 g）>山青 9 号（24.5 mg/100 g）>蓝青稞（24.3 g/100 g）>藏青 2000（24.1 mg/100 g）>察雅黑青稞（23.0 mg/100 g）>康青（21.4 mg/100 g）>冬青 18（19.4 mg/100 g）>藏青 320（18.6 mg/100 g）>喜马拉 19（14.7 mg/100 g）。

藏青 2000 在拉萨市、日喀则市、山南市、林芝市、昌都市 89 份青稞 γ-氨基丁酸含量情况，见表 14-8。

表 14-8　不同地市藏青 2000 γ-氨基丁酸含量　单位：mg/100 g

地市	样品数量	均值	极小值	极大值
拉萨市	39 份	23.2±2.3	8.2	44.9
日喀则市	19 份	16.3±1.1	6.9	25.6
山南市	19 份	29.8±2.5	9.0	66.6
林芝市	5 份	49.2±3.4	24.1	80.2
昌都市	7 份	17.0±1.9	7.9	28.7
合计	89 份	24.1±1.5	6.9	80.2

如表 14-8 所示，藏青 2000 在各地市 γ-氨基丁酸含量由高到低顺序为：林芝市（49.2 mg/100 g）>山南市（29.8 mg/100 g）>拉萨市（23.2 mg/100 g）>昌都市（17.0 mg/100 g）>日喀则市（16.3 mg/100 g）。

喜马拉 22 在拉萨市、日喀则市、山南市、林芝市、昌都市 66 份青稞 γ-氨基丁酸含量情况，见表 14-9。

表 14-9　不同地市喜马拉 22 γ-氨基丁酸含量　　单位：mg/100 g

地市	样品数量	均值	极小值	极大值
拉萨市	29 份	27.9±2.0	7.1	59.8
日喀则市	12 份	22.2±0.9	11.1	35.5
山南市	8 份	39.0±2.9	11.2	53.4
林芝市	3 份	52.6±3.3	37.4	78.1
昌都市	14 份	25.3±1.3	7.2	38.6
合计	66 份	28.8±2.7	7.1	78.1

如表 14-9 所示，喜马拉 22 在各地市 γ-氨基丁酸含量由高到低顺序为：林芝市（52.6 mg/100 g）>山南市（39.0 mg/100 g）>拉萨市（27.9 mg/100 g）>昌都市（25.3 mg/100 g）>日喀则市（22.2 mg/100 g）。

冬青 18 在山南市、林芝市的 34 份青稞 γ-氨基丁酸含量情况，见表 14-10 所示。

表 14-10　不同地市冬青 18 γ-氨基丁酸含量　　单位：mg/100 g

地市	样品数量	均值	极小值	极大值
山南市	6 份	20.3±1.2	4.8	36.9
林芝市	28 份	19.2±0.7	3.3	57.9
合计	34 份	19.4±1.6	3.3	57.9

如表 14-10 所示，冬青 18 在各地市 γ-氨基丁酸含量由高到低顺序为：山南市（20.3 mg/100 g）>林芝市（19.2 mg/100 g）。

蓝青稞在日喀则市、山南市、昌都市 30 份青稞 γ-氨基丁酸含量情况，见表 14-11。

表 14-11 不同地市蓝青稞 γ-氨基丁酸含量 单位：mg/100 g

地市名称	样品数量	均值	极小值	极大值
日喀则市	10 份	20.9±2.8	12.3	27.4
山南市	8 份	29.1±2.4	11.0	76.9
昌都市	12 份	24.0±2.5	10.1	45.7
合计	30 份	24.3±2.2	10.1	76.9

如表 14-11 所示，蓝青稞在各地市 γ-氨基丁酸含量由高到低顺序为：山南市（29.1 mg/100 g）>昌都市（24.0 mg/100 g）>日喀则市（20.9 mg/100 g）。

黑青稞在拉萨市、日喀则市、山南市、林芝市、昌都市 27 份青稞 γ-氨基丁酸含量情况，见表 14-12。

表 14-12 不同地市黑青稞 γ-氨基丁酸含量 单位：mg/100 g

地市	样品数量	均值	极小值	极大值
拉萨市	3 份	20.6±3.8	10.5	34.0
日喀则市	8 份	31.2±3.1	25.5	40.5
山南市	10 份	34.3±4.0	13.6	70.4
林芝市	3 份	13.0±1.5	9.7	13.8
昌都市	3 份	15.3±1.8	11.3	22.5
合计	27 份	27.4±3.0	9.7	70.4

如表 14-12 所示，黑青稞在各地市 γ-氨基丁酸含量由高到低顺序为：山南市（34.3 mg/100 g）>日喀则市（31.2 mg/100 g）>拉萨市（20.6 mg/100 g）>昌都市（15.3 mg/100 g）>林芝市（13.0 mg/100 g）。

藏青 3000 在拉萨市、日喀则市、山南市、昌都市 23 份青稞 γ-氨基丁酸含量情况，见表 14-13。

表 14-13 不同地市藏青 3000 γ-氨基丁酸含量 单位：mg/100 g

地市	样品数量	均值	极小值	极大值
拉萨市	1 份	15.1±0.6	15.1	15.1
日喀则市	11 份	31.3±1.9	13.8	50.6

（续表）

地市	样品数量	均值	极小值	极大值
山南市	10 份	40. 3±2. 3	14. 1	80. 8
昌都市	1 份	8. 2±0. 4	8. 2	8. 2
合计	23 份	30. 7±2. 2	8. 2	80. 8

如表 14-13 所示，藏青 3000 在各地市 γ-氨基丁酸含量由高到低顺序为：山南市（40. 3 mg/100 g）>日喀则市（31. 3 mg/100 g）>拉萨市（15. 1 mg/100 g）>昌都市（8. 2 mg/100 g）。

察雅黑青稞在昌都市 13 份青稞 γ-氨基丁酸含量情况，见表 14-14。

表 14-14　昌都市察雅黑青稞 γ-氨基丁酸含量　单位：mg/100 g

地市	样品数量	均值	极小值	极大值
昌都市	13 份	23. 0±2. 6	19. 9	27. 9

如表 14-14 所示，察雅黑青稞在昌都市 γ-氨基丁酸含量范围为 19. 9~27. 9 mg/100 g，平均含量为 23. 0 mg/100 g。

藏青 320 在日喀则市、山南市 13 份青稞 γ-氨基丁酸含量情况，见表 14-15。

表 14-15　不同地市藏青 320 γ-氨基丁酸含量　单位：mg/100 g

地市	样品数量	均值	极小值	极大值
日喀则市	12 份	19. 3±2. 3	14. 2	25. 7
山南市	1 份	9. 7±0. 9	9. 7	9. 7
合计	13 份	18. 6±1. 8	9. 7	25. 7

如表 14-15 所示，藏青 320 在各地市 γ-氨基丁酸含量由高到低顺序为：日喀则市（19. 3 mg/100 g）>山南市（9. 7 mg/100 g）。

藏青 17 在日喀则市 7 份青稞 γ-氨基丁酸含量情况，见表 14-16。

表 14-16 日喀则市藏青 17 γ-氨基丁酸含量 单位：mg/100 g

地市	样品数量	均值	极小值	极大值
日喀则市	7 份	48. 2±2. 9	24. 2	53. 9

如表 14-16 所示，藏青 17 在日喀则 γ-氨基丁酸含量范围为 24. 2～53. 9 mg/100 g，平均含量为 48. 2 mg/100 g。

喜马拉 19 在日喀则市 5 份青稞 γ-氨基丁酸含量情况，见表 14-17。

表 14-17 日喀则市喜马拉 19 γ-氨基丁酸含量 单位：mg/100 g

地市	样品数量	均值	极小值	极大值
日喀则市	5 份	14. 7±1. 1	9. 9	20. 5

如表 14-17 所示，喜马拉 19 在日喀则市 γ-氨基丁酸含量范围为 9. 9～20. 5 mg/100 g，平均含量为 14. 7 mg/100 g。

喜马拉 23 在日喀则市 5 份青稞 γ-氨基丁酸含量情况，见表 14-18。

表 14-18 不同地市喜马拉 23 γ-氨基丁酸含量 单位：mg/100 g

地市	样品数量	均值	极小值	极大值
日喀则市	5 份	39. 3±3. 8	16. 4	45. 4

如表 14-18 所示，喜马拉 23 在日喀则市 γ-氨基丁酸含量范围为 16. 4～45. 4 mg/100 g，平均含量为 39. 3 mg/100 g。

山青 9 号在日喀则市 4 份青稞 γ-氨基丁酸含量情况，见表 14-19。

表 14-19 日喀则市山青 9 号 γ-氨基丁酸含量 单位：mg/100 g

地市	样品数量	均值	极小值	极大值
山南市	4 份	24. 5±2. 3	18. 6	31. 2

如表 14-19 所示，山青 9 号在山南市 γ-氨基丁酸含量范围为 18. 6～31. 2 mg/100 g，平均含量为 24. 5 mg/100 g。

康青在昌都市 3 份青稞 γ-氨基丁酸含量情况，见表 14-20。

表 14-20　昌都市康青 γ-氨基丁酸含量　　单位：mg/100 g

地市	样品数量	均值	极小值	极大值
昌都市	3 份	21.4±1.6	16.2	24.8

如表 14-20 所示，康青在昌都市 γ-氨基丁酸含量范围为 16.2～24.8 mg/100 g，平均含量为 21.4 mg/100 g。

有学者测定美国、中国及其他国家的 180 个大麦品种籽粒 γ-氨基丁酸的含量发现，裸大麦籽粒 γ-氨基丁酸含量（15.3 mg/100 g）高于皮大麦籽粒（8.6 mg/100 g），高原藏青稞 γ-氨基丁酸的平均含量为 19.0 mg/100 g，高于其他地方的大麦和青稞品种，且深色青稞 γ-氨基丁酸含量显著高于浅色品种；同时，有学者研究了我国青藏高原地区 178 份裸大麦和国际干旱改良中心 157 份引进裸大麦，得出我国西藏农家品种 WB21 的 γ-氨基丁酸含量最高，为（34.6±0.9）mg/100 g；紫色籽粒的 γ-氨基丁酸含量较高，为（19.6±5.9）mg/100 g。本节测定分析出产自 2021 年西藏 5 个地市 348 份青稞样品 γ-氨基丁酸含量平均为 26.8 mg/100 g，最大值可达 80.8 mg/100 g，与以上文献资料结果基本一致，其结果也印证了西藏青稞中富含 γ-氨基丁酸。

参考文献

白婷，靳玉龙，朱明霞，等，2019. 海拔差异对青稞品质影响的研究［J］. 中国粮油学报，34（2）：34-39.

曹斌，潘志芬，尼玛扎西，等，2010. 青藏高原和国外裸大麦 γ-氨基丁酸的含量与分布［J］. 麦类作物学报，30（3）：555-559.

陈世培，2023. 高产 γ-氨基丁酸乳酸菌的筛选及其发酵胡萝卜饮料研究［D］. 南昌：南昌大学.

董海光，2022. γ-氨基丁酸生物转化技术体系构建及产业化应用. 天津：华熙生物科技（天津）有限公司，2022-09-06.

冯朵，王靖，季晓娇，等，2020. 青稞功效成分和保健功能研究进展［J］. 食品科技，45（9）：57-61.

黄海皎，李杨，高小丽，等，2020. 西藏地市青稞籽粒营养品质分析及评价［J］. 麦类作物学报，40（12）：1479-1485.

李娜，2017. 发芽米植物乳杆菌发酵生产高含量 γ-氨基丁酸的研究

[D]. 哈尔滨：哈尔滨商业大学.

林智，2016. γ-氨基丁酸茶加工技术及系列产品 . 杭州：中国农业科学院茶叶研究所，2016-01-01.

刘瑞，2022. 富含 γ-氨基丁酸植物益生基料的研制 [D]. 无锡：江南大学.

刘三才，2014. 我国青稞的质量与品质研究进展 [J]. 作物杂志（4）：1-5.

邱文军，2015. 产谷氨酸脱羧酶菌株筛选及生产 γ-氨基丁酸的研究 [D]. 无锡：江南大学.

王麒琳，2018. 米糠发酵富集 γ-氨基丁酸技术研究及产业化开发. 天津：天津市食品研究所有限公司，2018-11-01.

肖勇，2017. γ-氨基丁酸茶饮料及废弃物利用技术开发 . 宜昌：萧氏茶业集团有限公司，2017-03-16.

杨涛，闵康，曾亚文，等，2015. 青稞和普通大麦全谷物功能成分差异分析 [J]. 西南农业学报，28（6）：2360-2362.

赵大伟，普晓英，曾亚文，等，2009. 大麦籽粒 γ-氨基丁酸含量的测定分析 [J]. 麦类作物学报，29（1）：69-72.

ÇELIK E E，CANLI M，KOCADAǦL1 T，et al.，2023. Formation of Histamine，phenylethylamine and γ - Aminobutyric acid during sprouting and fermenting of selected wholegrains [J]. Food Research International，173：113447.

LEE X Y，TAN J S，CHENG L H，2023. Gamma aminobutyric acid（GABA）enrichment in plant-based food-a mini review [J]. Food Reviews International，39（8）：5864-5885.

WANG Z，ZHOU Q，TU J，et al.，2023. Ameliorative effect of gamma-aminobutyric acid on the antioxidant status and ammonia stress resistance of *Micropterus salmoides* [J]. Aquaculture Reports，32：101734.

ZHUO J，XUAN J，CHEN Y，et al.，2023. Increase of γ-aminobutyric acid content and improvement of physicochemical characteristics of mulberry leaf powder by fermentation with a selected lactic acid bacteria strain [J]. LWT-Food Science and Technology，187：115250.